ルポ

人は科学が苦手

アメリカ「科学不信」の現場から

三井誠

光文社新書

まえがき

米国に広がる科学への不信

新聞社の科学記者として科学の取材を長く続けてきた私にとって、米国は、あこがれの地でした。米国は、科学の新たな地平を切り開いてきた地です。２０１５年、米国の首都ワシントンに科学記者として赴任が決まった時、新たな職場にプレッシャーを感じながらも、科学の歴史が作られる米国の現場を見たいと心が躍りました。

たしかに、２０１５年夏からの３年余りの赴任で、米航空宇宙局（ＮＡＳＡ）の宇宙開発など最先端の現場を体験することができました。しかし、科学大国アメリカの地で私の興味を最も惹き付けたのは、意外にも、最先端科学ではありませんでした。私の心のなかに不可解なものとして居座りつづけたのは、米国に広がる科学への不信でした。

きっかけは、地球温暖化を「でっちあげ」と言ったドナルド・トランプ氏です。科学的でないことや事実に反することを平然と言うトランプ氏が、世界で最も影響力がある米国の大統領に当選しました。あまりに衝撃的なことでした。２０１６年11月9日未明、勤務先のワシントン支局でトランプ氏の当選確実を知った時の驚きは、生涯忘れないでしょう。

米国には、地球温暖化への根強い疑問の声や、信仰に基づく進化論への反発など、科学的とはいい難い考え方をする人たちがいることは知っていました。しかし、地球温暖化を否定する大統領の誕生は、想像を超える出来事でした。

科学に対する不信や反発はどこから生まれ、なぜ広まっているのだろうか。「科学で最先端を走る米国の違う顔を知りたい」と思うようになりました。そんな気持ちで、科学に不信感を持つ人たちを全米各地に訪ねる取材を始めました。

アポロ計画で人類を月に送った科学大国アメリカで、科学不信を取材するという皮肉な巡り合わせでしたが、取材のたびに驚き、考えさせられました。

とりわけ印象に残った三つの言葉を、まえがきでご紹介したいと思います。

「温暖化研究は税金の無駄」

トランプ政権が２０１７年1月に発足し、予算方針を初めて示した3月、首都ワシントトン・ホワイトハウスの記者会見で、ミック・マルバニー行政管理予算局長が話した言葉を最初に取り上げます。

「（地球温暖化の研究に）もうお金は使わない。税金の無駄だ」

ＮＡＳＡの地球観測をはじめ、米国の研究は地球温暖化の現状を解き明かす中核を担ってきました。それなのに、世界に誇るべき貢献を「税金の無駄」と切り捨てたのです。

トランプ政権は、地球温暖化を疑う人たちを幹部に登用しました。彼らはテレビのインタビューや連邦議会での証言で「人類の地球温暖化への影響はまだ、論争がある問題だ」「二酸化炭素が地球温暖化の主な原因とは思わない」などと発言していました。

地球温暖化を巡っては、世界中の研究者が参加する「気候変動に関する政府間パネル（ＩＰＣＣ）」が２０１３年にまとめた報告書でこう結論付けています。「20世紀半ば以降の平均気温の上昇の半分以上は人間活動が引き起こした可能性が極めて高く、その確率は95％以上だ」。人間が石油や石炭などの化石燃料を燃やす時に出る二酸化炭素が、地球温暖化をもたらしていると科学者は考えています。二酸化炭素のほかにもメタンなど地球温暖化をもたらす気体があり、これらはまとめて「温室効果ガス」と呼ばれています。

トランプ政権下でも、ＮＡＳＡなど連邦政府の13省庁が２０１７年11月、「20世紀半ばからの気温上昇は、人間活動から排出された温室効果ガスが主な原因である可能性が極めて高く、説得力のある要因はほかにない」と、人間活動による地球温暖化を明確に認める報告書を発表しました。

それなのに、大統領をはじめ政府の主要メンバー、さらに二大政党の一つである共和党の幹部も地球温暖化を疑う姿勢を取っているのです。人間活動による地球温暖化を疑い、対策を先延ばしにしようとする人たちは「懐疑派」と呼ばれ、その主張は「懐疑論」といわれています。

懐疑派の大統領を生んだ米国は、世界のなかで温暖化懐疑論が最も深く社会に根ざしている国といえます。科学大国でありながら地球温暖化を疑う、不思議な国の背景を探ることは、人間の反科学的な側面を探る手がかりになるように思えました。

「進化論は科学者のでっちあげだ」

次は、神が人類を創ったとする「創造論」の世界を紹介する「創造博物館」(南部ケンタッキー州)で聞いた、父親から子どもへの言葉です。

この施設は、キリスト教の団体が2007年に作ったもので、10年間で300万人以上が訪れたそうです。実際の生き物や模型などを展示し「驚くほど多様な生物は全知全能の神が創り出した」と解説しています。聖書の世界を再現したテーマパークのような施設です。アダムとイブの模型もありました。

そこでは、約320万年前の初期人類とされる化石（複製）が、類人猿だと紹介されていました。この化石は、私たち現代人よりも、腕が足に比べて長い特徴があります。地上を歩く足よりも樹上で枝などをつかむ腕が発達していた祖先の体形が一部引き継がれたもので、まさに人類が進化してきた道のりを現代に伝えています。しかし、それが類人猿だとされていたのです。

19世紀半ばにダーウィンが進化論を発表した時、類人猿から現生人類（ホモ・サピエンス）への進化の過程を示す化石は見つかっていませんでした。しかし、その後、化石が相次いで見つかり、脳が大きくなる過程や、足や腰の骨が二足歩行に適した形になる過程がわかってきました。もはや、類人猿から人類への進化を疑う研究者はいません。

しかし、そうした進化の考え方は、創造論とは相いれません。先ほどの展示の前で、年配の男性が小学生くらいの男の子に、口をとがらせて教えていました。

「生物学者は研究費を獲得するために、（現代科学の見解に合わせ）この化石を人類のように復元しているが、本当はサルなんだ。進化論は科学者のでっちあげだ」

科学的な成果を「科学者が研究費獲得のためにでっちあげたウソ」と見なす考え方は進化論だけでなく、地球温暖化に関してもしばしば聞きました。

「もともと人は理性的ではない」

「地球温暖化はでっちあげ」と言ったり「進化論は科学者の予算獲得の口実」と言ったりする、科学的とはいい難い発想について、「正しい知識がないからだ」と見なす考え方があります。正しい知識がないから、科学的に振る舞えないという考え方です。逆にいえば、「正しい」振る舞いは科学的な知識によって導かれるということでもあります。

しかし、本当にそうでしょうか。

科学と社会の関係に詳しいオークランド大学（中西部ミシガン州）のマーク・ネイビン准教授（社会・政治哲学）がインタビューで話してくれた、次の言葉をまえがきの最後に紹介します。

「私たちが科学的な知識に基づいて判断することなんてほとんどありません。人は、自分で思っているほど理性的に物事を考えているわけではないんです。何かを決める時に科学的な知識に頼ることは少なく、仲間の意見や自分の価値観が重要な決め手になっているのです」

私自身のことを振り返ってみても、何かを判断する時に頭のなかを支配しているのは、感情や価値観のような気がします。もっともらしい理屈や、それを裏付ける知識は、決めた後に補強材料として付いてくるように思えます。科学的な知識があるかどうかと、「正しく」判断することとは、それほど関係がないのかもしれません。

例えば、地球温暖化を認める人がみんな、二酸化炭素による温室効果の仕組みを理解しているわけではないでしょう。私自身も、きちんとわかっているのか自信はありません。

ざっくりといえば、「信頼できる国際組織の結論だから」あるいは「頼れる、あの人が言っているから」といった理由で人は判断しているように思えます。科学的な知識よりも、まわりの人の意見や自分の価値観に左右されます。権威あるアメリカ大統領が温暖化を疑うのであれば、それを聞くアメリカ人がそう思うのもある意味、自然です。

科学者が「科学は証拠に基づく」「科学は事実であり、意見ではない」と科学を特別なものとして訴えても、普通の人にとってはそうではありません。科学のことであっても、ほかのことを考える時と同じように理性や論理だけでなく、感情や本能的な好き嫌いがごちゃ混ぜになった、人間らしい心で判断しているのではないでしょうか。

先進各国に共通する課題

米国で広がる科学不信に迫る取材では、地球温暖化の懐疑論を広める保守系シンクタンクを訪れたり、先ほど紹介した創造博物館で創造論を信じる人たちの話に耳を傾けたりしました。科学不信の背景を知るために、学会に参加して研究者の講演を聞き、インタビューをしました。

取材を繰り返すうちに、人は科学的に考えることがもともと苦手なのではないか、と考えるようになりました。人類が進化の末に獲得した「生きる知恵」と、科学が発達した現代社会に求められる「生きる知恵」には、根本的なずれがあるのではないか、と感じるようになりました。反科学的な姿勢を取るトランプ大統領は、そのずれの底からわき上がってきたのではないかと思えました。

数百万年にわたる長い人類の進化を考えれば、「ごく最近」といえる時期に誕生した科学に、私たち人類はまだ適応できていないのかもしれません。

しかし、人類の適応を待つことなく、科学技術は社会に深く入り込んでいます。科学的な解決策が求められる地球温暖化が、人々の生活を脅かすまでに進みつつあるという問題もあります。だからこそ、科学とうまく付き合い、科学的な発想を現代社会の問題解決に役立てることが重要なのだと思います。

日本でも、ワクチンの安全性や放射線の健康影響など、科学にかかわる問題が社会のなかで対立を生み、ときには感情的な議論につながっています。科学と社会を巡る不協和音は多かれ少なかれ、先進各国の共通する課題だと思います。

本書は、２０１５～18年のワシントン支局赴任中に取材した内容と、２０１３～14年にカリフォルニア大学バークレー校で客員研究員として科学ジャーナリズムを研究した内容がもとになっています。

第１章は「人は科学が苦手かもしれないけれど、科学は生活に役立つ」という話です。第２章で米国の科学不信の背景を紹介し、第３章は科学不信の現場を報告します。その上で、第４章で「どのようにすれば科学とうまく付き合っていけるのか」について考えてみたいと思います。

ふだんはあまり接することのない米国社会の一面に触れ、そこから日本社会に生かす何かを感じ取ってもらえるとしたら、筆者として、とてもうれしく思います。

ルポ　人は科学が苦手　目次

第1章　自分が思うほど理性的ではない私たち――21

第2章　米国で「反科学」は人気なのか——85

第3章　科学不信の現場

＊登場人物の年齢や肩書は取材当時のものです。
＊為替相場は、取材当時に近い１ドル＝１１０円で換算しています。
＊提供元の記載がない写真は筆者撮影です。

第1章

自分が思うほど理性的ではない私たち

勉強をすれば賢くなって、お互いにわかり合えると普通は思うかもしれません。しかし、テーマによっては知識が増えれば増えるほど、お互いにわかり合えなくなることがあるそうです。

◆　◆

例えば、ある人のことを嫌いな場合に、その人の良くない情報ばかりを集めてますます嫌いになるようなものです。そういう時は「なんでその人が嫌いなのか」ということにまず気付いてもらわないと、わかり合うための一歩になりません。

科学についても同じことがいえます。何かのきっかけで科学的ではない考え方をするようになった人は、勉強するほど「反科学的」になるようです。

私たちの進化の歴史を考えてみると、ごく最近まで、実験などを行う科学とは無縁の狩猟採集生活をしてきました。私たちの脳は、科学の知識をうまく使いこなすことに、まだ適応できていないのかもしれません。現代科学の視点で考えれば明らかに「地球は丸い」のですが、今でも「地球は平ら」と信じている人が米国にはたくさんいます。

「科学的なやり方」に適応できていないのであれば、科学とかかわりなく生きればいいじゃないかと思うかもしれません。しかし、科学のおかげで暮らしやすくなっているのも事実です。環境問題にうまく対応するためにも、科学の知識は役に立ちます。科学が苦手だとしても、うまく付き合っていくことが大事だと思うのです。

◆　◆

１・１　人は学ぶほど愚かになる？

米ギャラップ社の世論調査

振り返ってみれば、私は子どものころから科学が好きだった。大学も理系に進んだ。研究者の道には進まなかったが、科学を伝える仕事をしてきた。科学が好きだったのは、そこには常に原理原則があり、勝手気ままな人間の思いには左右されない、普遍的な世界があると感じたからだった。原理原則を学び、それを応用して社会や世界を理解できるという、理路整然とした世界観が好きだった。

しかし、大人になり社会に出れば、そうした素朴な科学観は通用しない。

「科学はデータに基づき、それぞれの人の考え方の違いや立場の違いを超えた事実を提供できる」

そんな期待は、人間社会の生々しい利害の前にかすんでしまうのだ。米国での取材で、その現実を強く実感した。

共和党と民主党の二大政党の力が拮抗している米国では、科学的な成果でも、それぞれの人の政治的な立場によって受け止め方が異なる。これが際立つのが、地球温暖化に関する問題だ。

規制を嫌い自由な産業活動を推進する共和党と、環境保護に積極的な民主党の間で、地球温暖化に対する評価が極端に違うのだ。

米ギャラップ社の2018年3月の世論調査の結果を紹介したい。地球温暖化は人間活動が原因なのか、それとも自然変動の結果なのかを聞いた質問で、「人間活動が原因」と答えた人は64％だった。前年に比べて4ポイント減った。

支持政党ごとに見ると、共和党支持者では35％だった。前年よりも5ポイント低く、全体を押し下げた。人為的な地球温暖化を認める共和党支持者は、3人に1人なのだ。一方、民主党支持者では89％に上った。前年よりも2ポイント高くなった。もともと支持政党によって大きな違いがあるが、それが広がっている。

地球温暖化は、人間が石油などを燃やした時に出てくる二酸化炭素のせいなのか、あるいは、たまたま自然の変化の一環で今が暑いだけという自然変動の結果なのかは本来、科学的に明らかにされる問題だ。

しかし、このような純粋に科学的に評価されるべき問題であっても、支持政党の違いによって、受け止め方が大きく異なる。科学よりも、自らの政治的な思いが優先しているといえる。科学的な研究成果だからといって、ありがたがって認めるわけではないのだ。

残念ながら、それが現実のようだ。

「賢い愚か者」

政治的な思いの違いが地球温暖化の受け止め方にどう影響しているのか、もう少し、詳しく見てみたい。ギャラップ社は２０１０～15年、全米の６０００人以上にインタビューして、温暖化に対する考え方と学歴との関係を調べた。

「地球温暖化は自然の変動によるものだ」と回答した人の割合を比べると、高校卒業までの人の場合は民主党支持者のなかでは35％に対し、共和党支持者のなかでは54％と、差は19ポ

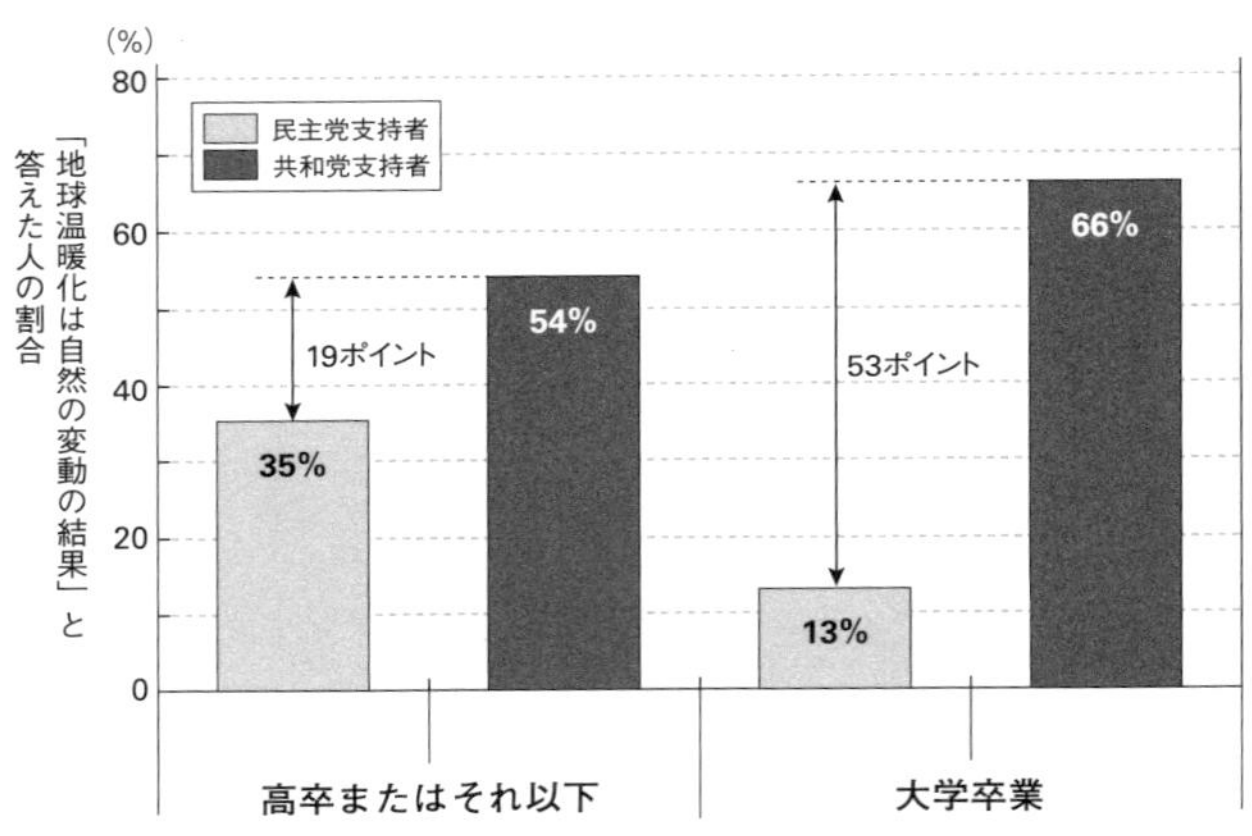

ギャラップ社のデータをもとに作成

図1・1　学歴が高くなると考え方が極端になる

イントだった。一方、大学を卒業した人では民主党支持者の13%に対し、共和党支持者は66%と差が53ポイントにまで広がってしまった(図1・1)。

素朴な教育観によれば、勉強をすればするほど「正しい」理解に結び付き、誤解は解消し、わかり合えると思う。しかし、現実では学歴が高い人ほど支持する政党の違いに応じて、お互いの考え方の違いが際立つようになるのだ。

「人は自分の主義や考え方に一致する知識を吸収する傾向があるので、知識が増えると考え方が極端になる」

地球温暖化やワクチンの安全性など科学に関するコミュニケーションの研究で知られる

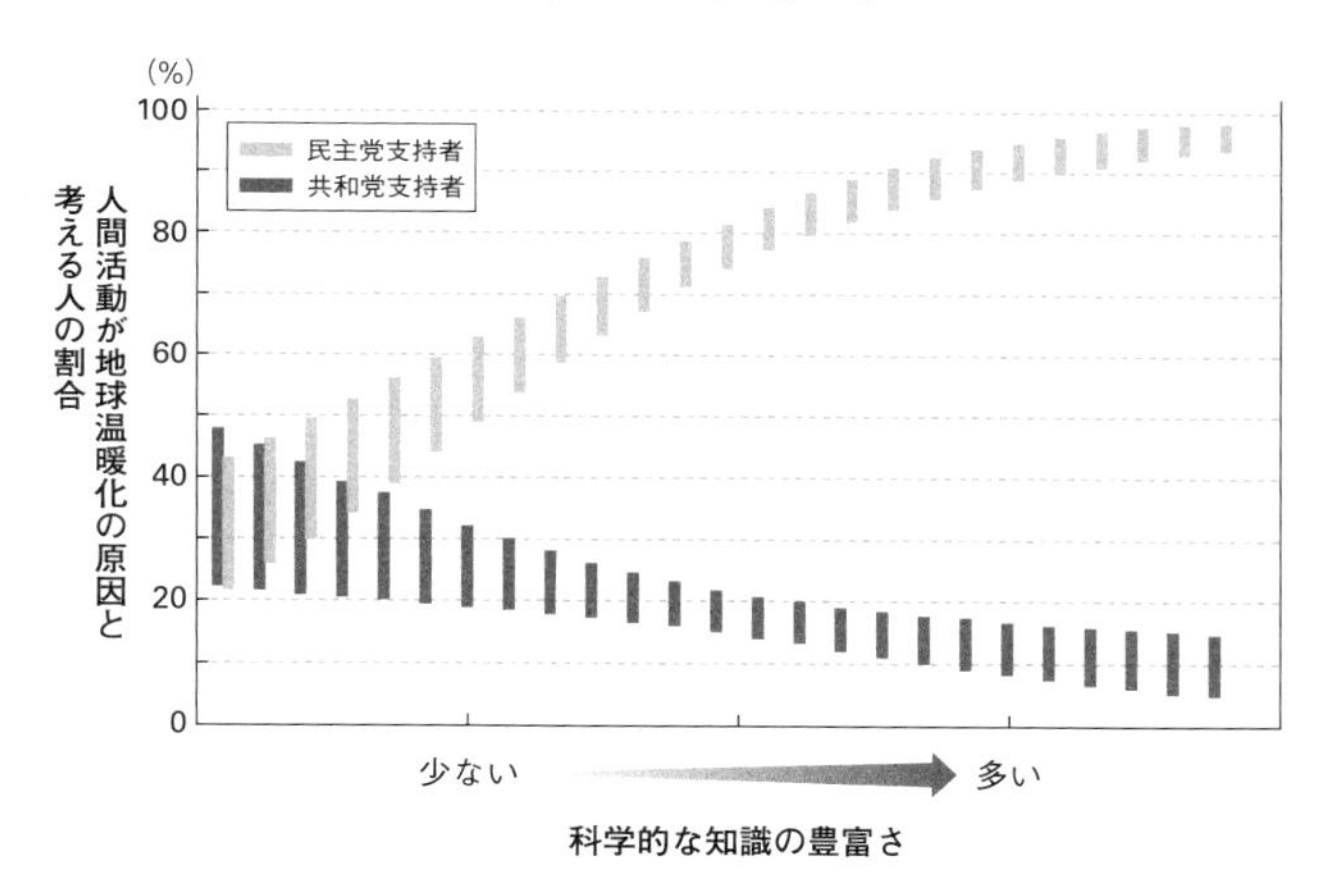

カハン教授の論文をもとに作成

図１・２　科学的な知識が増えるとわかり合えなくなる

エール大学（北東部コネティカット州）のダン・カハン教授（心理学）はそう分析する。

カハン教授は、知識が増えるとわかり合えなくなる人間の本性を、自らの研究でも明らかにしている。２０１５年に発表した論文は学歴ではなく、科学的な知識と温暖化に対する考え方との関係に迫っている。

「化石燃料を燃やすなどの人間活動が、最近の地球温暖化の主な原因であることを示す十分な証拠はあるか」と質問し、回答者の支持政党や科学的な知識との関係を調べた。

結果は意外だった。科学的な知識が少ない場合は支持政党による違いはないのに、知識が増えるほど支持政党の違いに応じた考え方の違いが大きくなったのだ（図１・２）。

科学的な知識は、「すべての放射性物質は人為的なものか」（答え：No）、「地球大気の成分で最も多い気体は何か」（答え：窒素）といった基礎知識に関する質問や、「１００人のうち20人が病気になる場合、病気になる確率は何％か」（答え：20％）といった計算問題から判断している。

一般的な科学知識ではなく、地球温暖化に関する知識で比較すれば、考え方の違いは大きくならないのではないかと思うかもしれない。カハン教授は、その研究もしている。

この研究では、地球温暖化の知識のレベルを測るために次のような質問をした。

「科学者が気温上昇をもたらすと考えている気体は何か」（答え：二酸化炭素）

「科学者は、地球温暖化が沿岸部での洪水の増加につながると考えているか」（答え：Yes）

「科学者は、原子力発電が地球温暖化を引き起こすと考えているか」（答え：No）

「21世紀の最初の10年間の世界の平均気温は、20世紀の最後の10年間よりも高かったと科学者は結論付けているか」（答え：Yes）

こうした地球温暖化に絞った九つの質問で、知識の有無と地球温暖化に対する考えを比較した。

正しく答えた人は、「二酸化炭素が原因で地球が温暖化している」という科学的な知識を

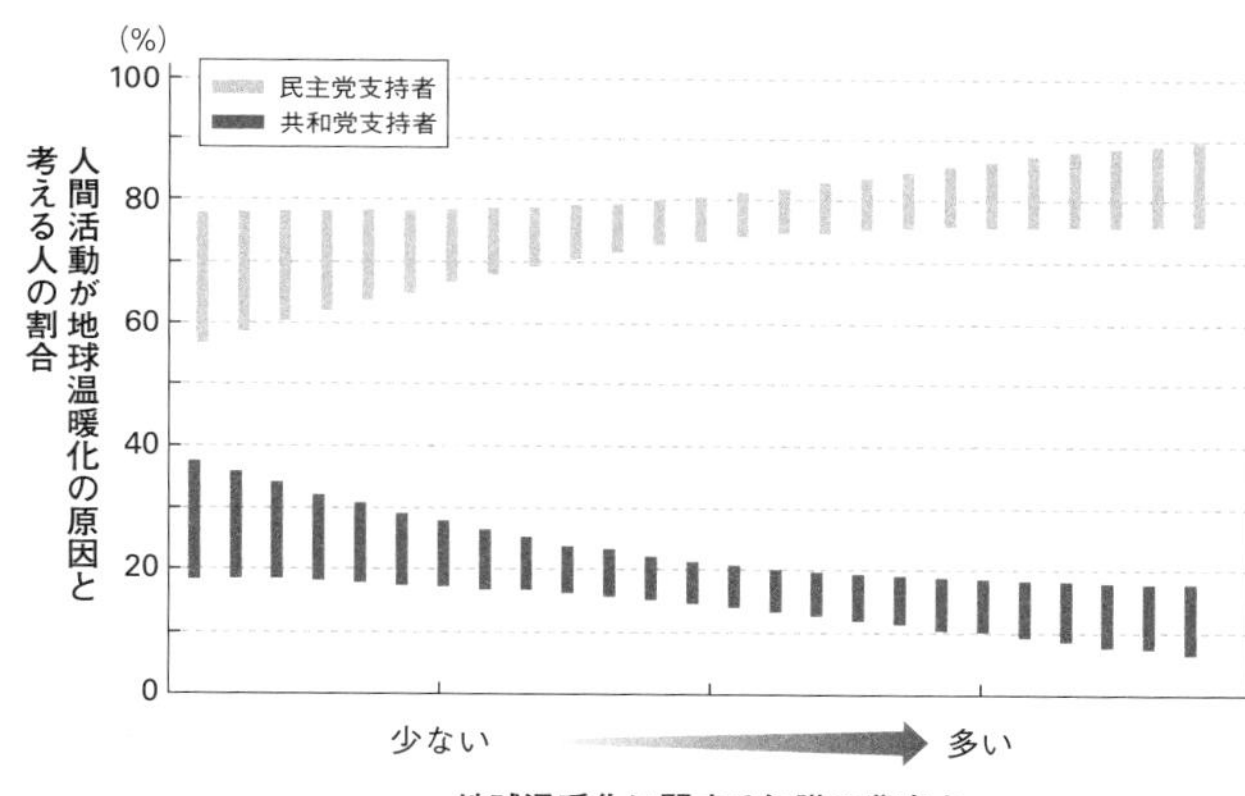

カハン教授の論文をもとに作成

図１・３　地球温暖化の知識が増えてもダメ

持っていることになる。それでも、やはり知識が増えると、考え方の違いが目立つようになった（図１・３）。一般的な科学知識の場合ほど極端ではないが、温暖化の知識ですら共通の理解につながらないのだ。

共和党支持者は地球温暖化の知識があっても自分の考え方と違うので、逆の方向に理論武装して自らの信念を強めているようだ。「多くの科学者はそう言うけど、本当は違うんだ」といった感じだ。

温暖化に関する科学的な研究成果を知っていたとしても、それに納得していない。知識が増えても共通の理解につながらず、逆に見方がより偏っていく——。

『Unscientific America（非科学的なアメリ

図1・4　知識が増えると極端になる？

カ)』など米国の反科学的な側面を分析した著作で知られるジャーナリスト、クリス・ムーニー氏は、こうした現象を「smart idiot（賢い愚か者）」効果と名付けた（図1・4）。「知識が増えると共通の理解に到達してわかり合える」という素朴な教育観の限界を象徴する言葉だ。

ある科学ジャーナリストの嘆き

私がカハン教授の研究を知ったのは、2014年2月にさかのぼる。世界の科学記者らで作る「世界科学ジャーナリスト連盟」（本部カナダ・モントリオール）が主催した科学ジャーナリズムに関する国際会議で、カハン教授の講演を聞いた。

写真１・１　世界中の科学記者らが参加した国際会議。カハン教授はインターネット回線をつないだテレビ講演だったため、写真を撮れなかった（2014年２月、シカゴ郊外）

中西部イリノイ州シカゴ郊外で開かれた会議には、英ＢＢＣテレビや米紙ウォール・ストリート・ジャーナルの科学記者、科学誌ネイチャーやサイエンスの編集者ら世界を代表する科学ジャーナリスト約50人が招待されて参加した（写真１・１）。当時、カリフォルニア大学バークレー校で客員研究員として科学ジャーナリズムを研究していた私も、縁あって招待された。

カハン教授は知識が増えるほどお互いの考え方の違いが大きくなる研究を紹介し、「これが科学に関するコミュニケーションの問題だ」と指摘した。そして、ベテランの科学記者たちに向かって言った。

「あなたたちは自分たちのことを過大に評価しているのではないか。あなたたちができることは限られている。科学記者が地球温暖化の記事を書いて知識を広めたとしても、政治的な思いに応じて地球温暖化に関する考えは極端になるばかりだ。問題は解決しない」

カハン教授の挑発的な発言に、会場からは苦笑が漏れ、雰囲気はちょっと重苦しかった。しかし、カハン教授のデータは明瞭だった。

ＢＢＣの科学記者パラブ・ゴーシュさんはこう答えた。

「私たちは科学報道が影響力を持ち、人々の考え方を変えられると思い込んでいたが、考え直す必要があるのかもしれない」

「わかりやすい説明」の限界

私自身のことを考えても、それまでは「専門用語が多い科学の話をいかにわかりやすく書くか」「生活に直結しない基礎的な科学の話を身近に感じられるようにするには、どうしたらいいのか」といったことに頭を悩ませていた。そもそも「情報を伝えるだけでは問題の解決に至らない」という発想を聞いたのは初めてだった。

たとえ話をうまく使ったり論理的に明晰な文章にしたりという表現の工夫だけでは、わかってもらえないこともあるのだ。

「わかりやすい説明」には限界がある。

素朴に「わかりやすく説明すれば」と思っていた私は、情報を伝えることに楽観的すぎたのだろう。

頭の回転が速いからなのだろうが、カハン教授はとても早口だ。その早口の英語を必死で聞きながら、「伝える」ということについての私の考え方はがらりと変わった。英語を聞き取ろうと集中した後に感じるぼんやりとした疲労感のなかで、世の中の見え方が変わるような、新鮮な衝撃を受けた。

この時に芽生えた問題意識は、本書の執筆に向けた取材の土台になった。

カハン教授は２０１７年３月、ワシントンの全米科学アカデミーで開かれた、科学不信に関するワークショップでも自らの研究を紹介した。

講演を聞いた米国の公共ラジオＮＰＲの科学記者ジョー・パルカさんは「私が科学記者になったのは、一般の人たちに科学的な知識を伝え、物事を判断する時に役立ててほしかったからだ。しかし、カハン氏の話を聞いて、私は科学記者の役割を考え直す必要があると思った。科学的な知識を伝えるだけでは問題は解決しない、ということがよくわかった」と語った。続けて、「一人の記者が１００万人を相手に情報を伝えるよりも、１０００人の科学コミュニケーターがそれぞれ１０００人に情報を伝える方法が求められている」と話し、少人数を相手にしたきめ細かいコミュニケーションの必要性を指摘した。

「見たいものだけ見える」「見たくないものは見えない」私たち

カハン教授は、知識が増えれば増えるほどわかり合えなくなる状況を「汚染された科学コミュニケーション環境（polluted science communication environment）」と呼ぶ。

透き通った清らかな環境であれば、事実が人々の心に広く染み込むように伝わっていくのかもしれない。しかし、いったん汚染されてしまえば、そこで事実はゆがんでしまう。素直に物事を受け取る無垢な心が汚れ、偏見が育ってしまうような環境だ。

地球温暖化についてはすでに見たが、例えば、進化論を巡っては政治的な思いではなく信仰に基づいて、お互いの考え方の違いが大きくなる。「人類はより原始的な動物から進化したか」と質問し、信仰心が平均以上の人と平均以下の人のグループに分けて科学的な知識の多さと回答との関係を調べた。その結果、やはり知識が増えると考え方が極端になっていくことがわかった（図1・5）。

「汚染された環境」では政治や宗教などの個人の思いによって、情報が「大事な情報」と「嫌な情報」に分けられてしまう。そして、人は、自分の思いを強めてくれる「大事な情報」

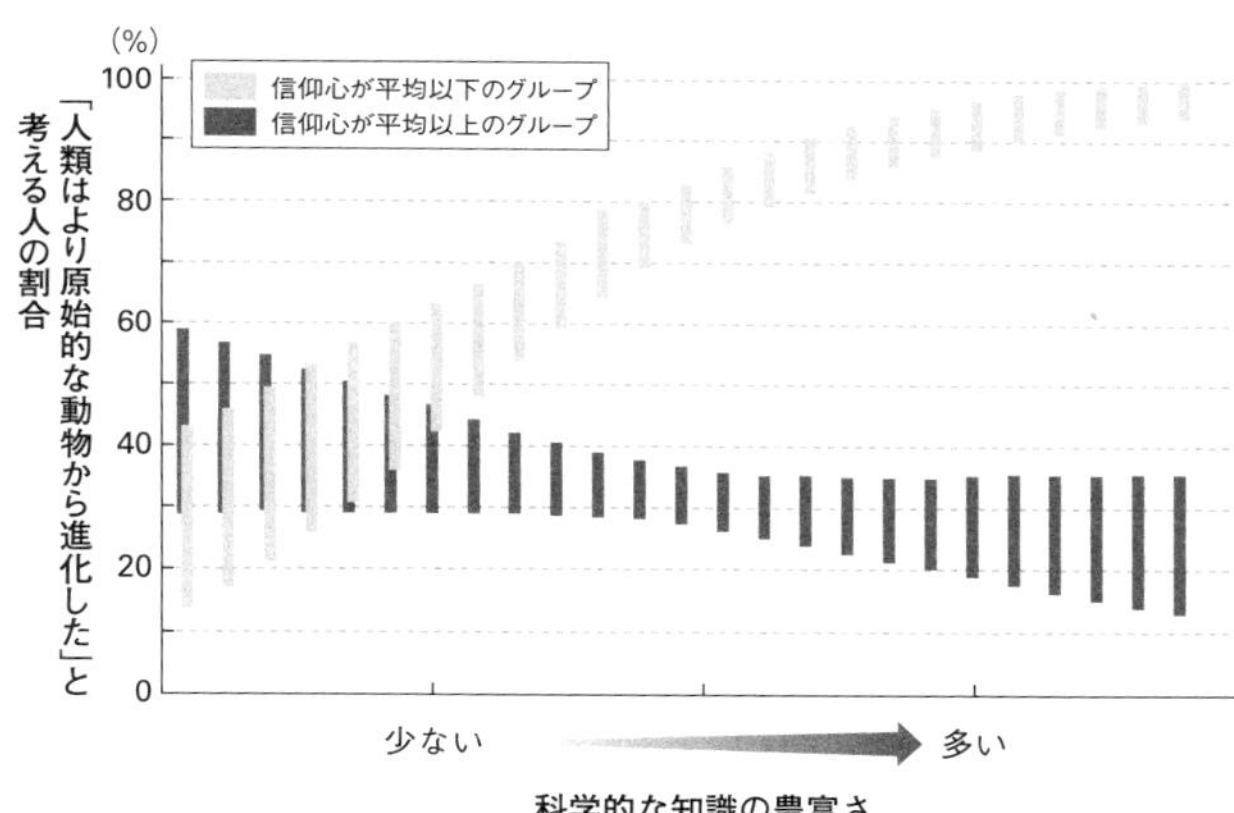

カハン教授の論文をもとに作成

図1・5　進化論を巡っても、豊富な知識が分断を生む

をありがたがる。

こうした人間心理の傾向は、自分の主義主張を後押ししてくれる情報を選び取るという意味で、「確証バイアス（confirmation bias）」と呼ばれる。「見たいものだけ見える」あるいは「見たくないものは見えない」ということだ。

もちろん、自分では気付かない。自分では客観的で公平な情報に基づいて判断しているつもりだが、「汚染された環境」では受け入れる情報が偏ってしまうのだ。

「政治や宗教などの立場が異なったとしても、科学は客観的な事実を提供し、わかり合うための土台を作ってくれる」

そう思いたかったが、コミュニケーション

写真1・2　米国の反科学的な側面を分析するムーニー氏（2014年4月、カリフォルニア州バークレー）

環境が汚染されてしまえば、科学であっても感情や立場を超えて「事実」を共有することはできないようだ。

「賢い愚か者」効果の名付け親、クリス・ムーニー氏（写真1・2）は2014年4月、カリフォルニア大学バークレー校で行った講演で、科学的に考えることができない心の動きをこう表現した。

「自分の子どもがいじめに加担していることや、結婚生活が終わりを迎えつつあることを認めたがらない心の動きと同じだ」

政治や宗教に関する人々の思いは、子どものいじめや結婚生活にかかわる気持ちと同じくらい強く、そして、科学的な成果を受け入れることを拒むのだ。

「フィルター・バブル」

情報をえり好みして、自分に都合の良いものを選ぶ「確証バイアス」は、自分の脳内にあ

図１・６　あなたを取り囲む泡（バブル）が情報を選別する

る〝ふるい〟といえる。一方で、インターネットなど外部の情報環境による〝ふるい〟は、「フィルター・バブル（Filter Bubble）」と呼ばれる。これも、コミュニケーション環境を汚染する一つの要因だ。

あなたを取り囲むような泡（バブル）があり、そのバブルについているフィルターは、あなたが欲しい、あるいは好んで消費する情報をよく通すという趣旨だ。自分が情報に触れる前に、周囲の環境で情報が偏ってしまうことを指す（図１・６）。これもまた、自分では気付かない。

特にインターネットを使っている時に、検索した情報などから個人の好みが分析され、その人の好みに合った情報が届けられることをいう。

カリフォルニア大学で客員研究員をしていた2013年10月、デジタル・メディアに関する講座でシリコンバレーのグーグル本社を訪れ、グーグル・ニュースの責任者リチャード・ギングラスさんに話を聞く機会があった（写真1・3）。検索結果をそれぞれの人の好みに合わせて表示するとされるグーグルはまさに、バブルにつくフィルターを強くしているように思えた。

写真1・3　グーグル・ニュースの責任者を務めるギングラスさん（2013年10月、シリコンバレー）

しかし、ギングラスさんは否定した。「デジタル技術がフィルターを強めているとは思わない」。ギングラスさんは子ども時代、家に届く新聞を読んだ。親が選んだ新聞だ。そして、親が定期購読している雑誌を読んだ。民主党支持者だった両親から、ある程度の影響を受けたという。

「それもフィルター・バブルだ。私たちは常にまわりに影響されている。同じことだ」

ギングラスさんはそう指摘した。両親は1990年代に民主党への支持をやめ、保守系のFOXニュースを見るようになったという。「(民主党支持者だった両親から影響を受けた私にとって）今はそれが苦痛だ」とギングラスさんは話した。

インターネット時代の前にもフィルター・バブルがあったのは事実だろう。しかし、インターネットにあふれる情報は、フィルターの機会を増やしていると思える。

一方、ギングラスさんはインターネットが新たな情報を得る機会になることを強調した。「ソーシャル・メディアのおかげで、これまでより多くの人と交流できるようになった。中には政治的に違う立場の人もいる。インターネットのおかげで、新たな見方を知ることができるようになった」

たしかにインターネットも使い方次第だろうが、現代の米国社会では異なる考え方を学んで多様な視点を認めるというよりも、政治的な立場に応じた考え方の違いが極端になっているように思えた。例えばこの章の初めで紹介したように、支持政党が違う人の間で、地球温暖化に関する考え方の違いがますます大きくなっている。米国で取材していると、こうした状況を表現する「polarization（二極化）」という言葉をひんぱんに聞いた。

支持政党が異なる相手との結婚は親が不満

こんな研究もある。スタンフォード大学のシャント・アイアンガー教授らが２０１２年に

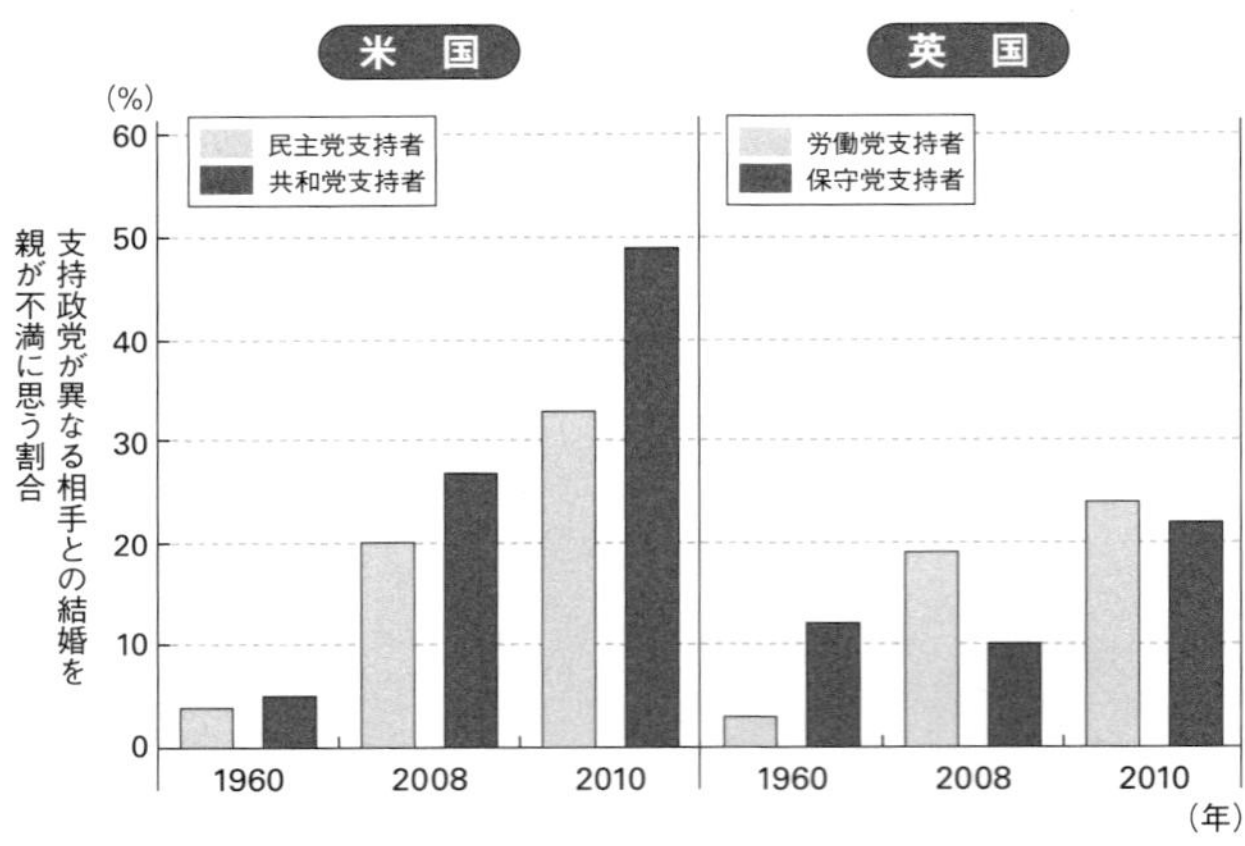

アイアンガー教授の論文をもとに作成

図1・7　支持政党が違う結婚相手は、親が不満

発表した論文は、支持政党が異なる相手との結婚を親がどう感じるかを調べたデータから、二極化が進む現状を紹介している。

共和党支持者の親が、子どもの結婚相手の支持政党が異なった場合、「不快に思う（Dis-pleased）」と答えた割合が1960年は5％だったが、2008年の調査で「困惑する（Upset）」と答えた割合が27％に、2010年の調査で「幸せに思えない（Unhappy）」との答えは49％にまで増えた。民主党支持者の親でも、それぞれ4％、20％、33％と増加傾向だ（図1・7）。

調査した年によって質問の文言が少しずつ違うので単純比較はできないが、同様の質問で調査した英国の場合と比較すると、米国で二極化が進み、支持政党が異なる相手との結婚を不満に思う親が増えていることがわかる。政治的な思いの違いが生み出す「心の溝」は、ますます深くなっているのだ。

政治的な思いが計算能力を奪う

温暖化に危機感を抱く人が将来のリスクを解説する話を好んだり、創造論を信じる敬虔なキリスト教徒が進化論の話を避けたりするという話はイメージしやすい。しかし、政治的な思いは、感情とは無関係に思える計算能力にすら影響を与えているらしい。自分たちが考える以上に、政治的な思いは私たちの頭を支配している。その実態を明らかにしたカハン教授の研究を次に見てみよう。

実験の構造は少し複雑なので、図1・8（42ページ）を参考にして手順を追ってほしい。

実験では四つのグループを作り、それぞれのグループに異なる計算をしてもらう。二つのグループは塗り薬に関する計算、もう二つのグループは銃規制に関する計算をする。

塗り薬の2グループは、塗り薬が皮膚の吹き出物に効くかどうかを、薬を塗った人たちと、塗っていない人たちのデータをもとに導き出す計算をする。一つのグループは塗り薬が効いた場合、もう一つのグループは塗り薬が逆効果だった場合のデータをもとに計算する。デー

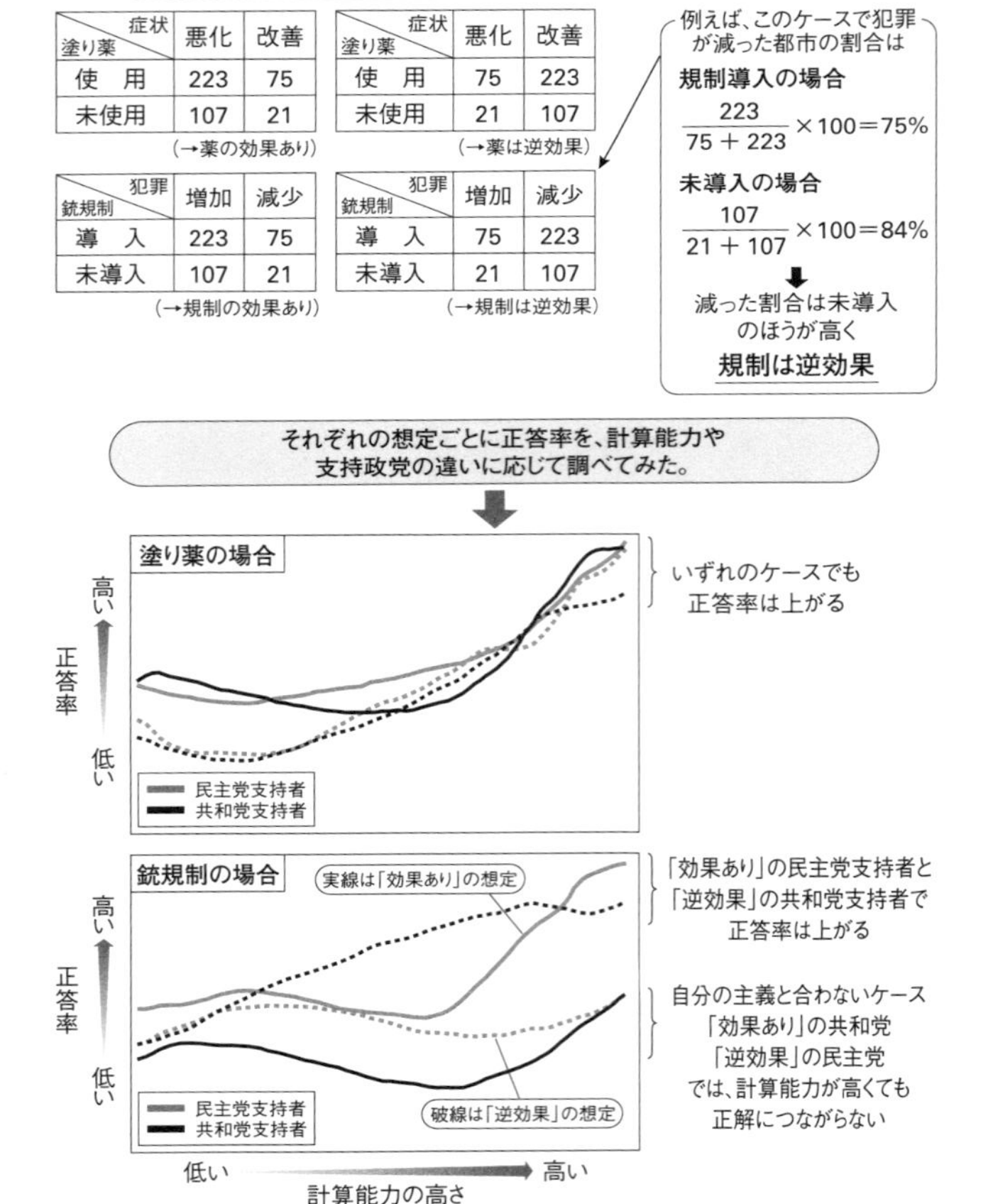

カハン教授の論文をもとに作成

図１・８　政治的な思いはデータの意味を変える

タはいずれも架空のものだ。

銃規制の2グループは、厳しい銃規制を導入した都市と、導入していない都市のデータから、銃規制の導入が犯罪を減らす効果があったかどうかを計算する。例えば、図１・８の計算例で説明すると、規制を導入した２９８（75＋２２３）の都市で、犯罪が減った都市の割合は75％だ。一方、規制を導入しなかった１２８（21＋１０７）の都市で、犯罪が減った都市の割合は84％だ。つまり、規制を導入していない都市のほうが、犯罪が減った都市の割合が高く、規制は逆効果だったことになる。この例では、規制しないほうが良かったということだ。

日本と異なり銃を持つ権利が憲法で認められている米国だが、高校での銃乱射事件など銃を使った事件が増え、深刻な社会問題になっている。銃を買う際に行う身元調査の強化や、連射を可能にする装置の禁止など銃規制のあり方を巡り、州ごとに議論が続いている。厳しくすれば犯罪は減るのではないかと単純に思うが、銃規制を厳しくすると銃を持たない無防備な市民が増え逆に犯罪が増えるという考えや、銃を持ち自分や家族を守るのはアメリカ人であることの証しといった考えがあり、問題は複雑だ。だからこそ、こうした計算力を試すテーマになり得る。これも、米国ならではという気がする。

まとめると、「塗り薬・効果あり」「塗り薬・逆効果」「銃規制・効果あり」「銃規制・逆効果」の四つの想定があり、各グループが一つずつ違う問題に取り組んだ。そして、それぞれの参加者の成績を、計算能力や支持政党の違いに応じて分析した。

その結果、塗り薬の場合は参加者の計算能力の高さに応じて、正答率が上がる傾向が確認できた。これは、塗り薬の効果がある場合でも、ない場合でも同様だった。また、それぞれの支持政党と、計算結果の間には関係がなかった。

ショッキングだったのは、銃規制の場合だ。政治的な思いに応じて結果が異なったのだ。銃規制に前向きな民主党支持者の場合、銃規制が効果を上げて犯罪が減ったとする想定の問題に取り組んだグループでは、計算能力が高い人ほど正答率が上がった。自分の思いを確認できる計算は、きっと楽しかったに違いない。「やっぱりそうだよな」といった感じだ。

一方、銃規制のために逆に犯罪が増えたとする想定の問題、つまり自分の思い（銃規制をすると犯罪が減る）と異なる想定の問題に取り組んだ民主党支持者では、計算能力が高い人でも正答率は上がらなかった。

政治的な思いが計算能力を奪っているのだ。銃を持つ権利を重視して銃規制に反対の姿勢を取る共和党支持者の場合でも、この傾向が確認できた。

銃規制が効果を上げて犯罪が減ったとする想定の問題に参加した共和党支持者は、計算能力が高い人でも正答率がそれほど上がらなかったのだ。問題で示されたデータが、「銃規制すると犯罪が増える」という自分の思いに合わないからだろう。一方、銃規制のために犯罪が増えたとする想定の問題、つまり自分の思いとデータが一致した問題に取り組んだ共和党支持者では、計算能力が高くなるにつれて正答率が上がった。

「偏見」に支配される脳

注目すべきは、計算能力が低い場合に、自分の思いに合うように都合良くデータを解釈しているわけではないことだ。計算能力が低い人の間では支持政党による違いはそれほどないが、能力が高い人の間でお互いの溝が広がる。計算能力が高い人たちは、データが自分の思いに合う時は高い能力を発揮して正解につなげるが、思いに合わない場合は能力が高くても間違えている。「わざと間違える」というわけではなく、無意識にそうなってしまうのだろう。

計算能力の高い人たちの間で、世の中の見方、今回の例では銃規制に関するデータから引き出した結論に食い違いが生まれている。数字の羅列に過ぎないデータなのに、能力の高い人たちは違う結論を引き出すのだ。

ところで、私の偏見だったと反省しているが、民主党支持者のほうが共和党支持者よりも論理的あるいは理性的であるようなイメージを持っていた。しかし、この実験の結果が示しているのは、同じように自分の主義主張や価値観から自由になれない、ということだ。図1・8（42ページ）を見れば、どちらの政党支持者もほぼ同様の振る舞いを見せていることがわかる。

自分では気付かなくても、私たちの思考は政治的な信条などにずいぶんと支配されているようだ。意外なほどに私たちの脳を支配する「偏見」の強さに思いを巡らせた時、思わずため息をついている自分に気付いた。

問題は「知識のあるなし」ではない

地球温暖化や進化論など科学者の間ではほぼ合意に達していることでも、社会では論争が続く。これはある意味、不思議なことだ。科学者が言っているのだから、素直に認めればいいじゃないかと素朴に思うことがある。しかし、政治的だったり宗教的だったりする個人の思いが強いと、科学の理解が人々の間に広まっていかず、対立が続く。

こうした対立の理由を「人々の知識が足りないのが原因」とする考え方は「欠如モデル」

と呼ばれる。この考え方は、「市民の知識レベルが低いから教育をすればいい」という発想から出てくるものだろう。なんとなく「上から目線」のように思え、感じが悪い。研究者の間でも評判が悪い考え方だ。

ただ、たしかに「上から目線」かもしれないが、突き詰めていえば「知識がないからだろう」と個人的には思っていた。つまり、「地球温暖化は二酸化炭素によるものだ」という知識がないから温暖化を疑うのではないか。「地球温暖化は二酸化炭素のせい」と知れば、気持ちは変わるだろうと期待していた。いろいろ批判はあっても、考え方の違いは結局のところ「知識のあるなし」に行き着くのではないかと思っていた。

しかし、この考え方に基づいてがんばって教育した結果、お互いが共通の理解に達して対立が解消するかというと、そう単純にはいかない。これまで説明してきた通りだ。温暖化を疑う人たちは「地球温暖化は二酸化炭素によるものだ」という研究の成果を知っていたとしても、それに納得していない。科学者が上から目線で「正しい」知識を注ぎ込んでも、そう考えたくない人は拒否するだけということになる（図1・9、48ページ）。

地球温暖化や進化論など政治的な思惑や宗教的な考えがかかわるテーマでは、自分が求める情報ばかりに頼る状態になる。そのテーマに限っては科学的に物事を判断する能力が使え

図1・9　知識を頭に注ぎ込んでもダメな時も

なくなっているともいえる。だから、銃規制の計算で見たように自らの思いと違う場合では、計算能力すら生かせなくなってしまう。

もちろん、知識は重要だ。例えば、子どもにワクチンを打つべきか打たないべきか、混乱して不安に思う両親に、ワクチンの効果や接種しない場合のリスクを丁寧に説明するのは大事なことだろう。また、子どもたちに科学の知識を教え、科学の楽しさを伝えることができれば、科学好きの大人が増えるかもしれない。誰もが偏見を持たない素直な心でいられたら、知識は人々の心に広く染み込んでいくだろう。

しかし、地球温暖化の問題のように、知識を提供するだけでは解決に至らない場合も多い。知識のあるなしで地球温暖化に理解があるのか懐疑的なのかを区別することはできないし、知識を提供すれば懐疑的な人が考えを変えるということもなさそうだ。

温暖化を疑う姿勢は、その人の「知識のあるなし」に由来するのではなく、その人の「思い」から生まれているのだ。「知識のあるなし」ではなく、その人の考え方を支配する「心情的なバイアス」に注目する必要がある。論理的にかつ冷静に「知識がないからでしょ」という見方では、対話は前に進まない。

「人は理性的」という幻想

「知識のあるなし」に注目する「欠如モデル」が前提とするのは、「知識があれば、それに基づいて行動する」という考え方だ。逆にいえば、「行動がいつも知識によって導かれている」ということになる。本当にそうだろうか。

まえがきで紹介したオークランド大学のマーク・ネイビン准教授（40）（写真１・４、50ページ）の言葉をもう一度、ここで取り上げたい。

「人が何かを決める時に科学的な知識に頼ることは実際には少なく、仲間の意見や自分の価値観が重要な決め手になっている」

写真1・4　知識にこだわる私の視野を広げてくれたネイビンさん（2017年9月、デトロイト郊外）

たしかに、地球温暖化が深刻な問題だと感じている人がみんな、二酸化炭素が温室効果を生む仕組みを理解しているわけではないだろう。そうした知識よりも、科学者や国際的な組織への信頼が重要な役割を果たしている。

ここで大事なのは「知識」ではなく、その人が誰を信頼しているのかということだ。

しかし、私たちは自分の判断について、「知識に基づいて合理的に決めた」と思いがちだ。だから、「知識のあるなし」が気になる。私たちが、信頼する仲間たちの言葉をもとに行動しているのだとしたら、なぜ、素直に「みんなが言っているから」といった気持ちになれないのだろうか。「みんなが言っているし……」なんて言うと、子どもっぽくて恥ずかしくなる。そこにこだわる私にネイビンさんは言った。

「私たちはみんな自分のことを、知識に基づいて物事を決める理性的な存在だと思いたがっているのです。だから、『みんなが言っているから』ではなく、何か科学的なものに基づいて自分で決めたと思いたいのです」

さらに続けて、話は「啓蒙主義」にまで広がった。

「人間が理性的な存在であり、何かを決める時に理性に頼るという『啓蒙主義』は18世紀から広がったもので、極めて最近のものです。批判も多く、私たちの姿を正確に映し出しているとはいえません。私たちがふだんの生活で科学や証拠に基づいて行動を決めることなんて、ほとんどないでしょう」

自分が思っているほど、私たちは理性的ではないのだろう。ネイビンさんの話を聞いていると、「理性的」というのは近代の欧米社会に広がった、いっときの幻想のように思えた。

科学者は「自分たちは事実を明らかにして、事実を伝える」と言う。でも、それでは人は納得しない。事実だけが判断の基準ではないのだ。「事実は事実だ」という、場合によっては上から目線の態度では、お互いの溝は深まるばかりだ。

ネイビンさんへの約２時間に及ぶインタビューで、「突き詰めれば知識がないからでしょ」という考え方へのこだわりが、ようやく消えた。「知識のあるなしが問題」という「欠如モデル」への執着がなくなった時、視野が広がったような気持ち良さを感じた。

インタビューをしたのは、中西部ミシガン州デトロイト郊外の閑静な住宅街にあるネイビンさんの自宅だ。平日の午前中だったが、授業や学生指導がない日は自宅で研究することが多いのだという。共働きで小学生の男の子がいるネイビンさんの自宅は、おもちゃや子どもの脱いだ服が散らかっていた。整然とした大学のオフィスではなく、ダイニングルームでのインタビューで、率直な質問も気兼ねなくできたような気がする。私にとっては、「欠如モデル」への執着が消えた瞬間として、忘れられない取材になった。

1・2　科学のない時代に進化した脳

現代人に宿る石器時代の心

数百万年に及ぶ壮大な人類進化の歴史のなかで、人類が科学と付き合うようになったのはごく最近だ。人類の脳は、科学のない時代に進化してきた。理性に頼る「啓蒙主義」が広がったのも、やはりごく最近だ。

人類の脳は、科学や理性をうまく使いこなすことにまだ適応できていないのかもしれない。人類進化という視点で見ても、「私たちは自分が思うほど理性的ではない」という側面が浮かび上がってくる。

人類がチンパンジーとの共通の祖先から枝分かれし、私たちの祖先としての歩みを始めたのは７００万～６００万年前とされる。アフリカ中央部のチャドから、類人猿から進化したばかりの「初期人類（猿人）」の頭とみられる化石が見つかっている。歯の特徴などから人類の仲間であると判定され、年代が７００万～６００万年前とされた。

７００万～６００万年前に生まれた人類は、進化の道のりの大半をアフリカの森やサバンナで過ごした。動物を狩り、植物を採集し、伴侶を見つけ、子どもを育てるという生活をしてきた。少人数のグループで暮らし、危険に満ちた野生での生活では、仲間と仲良くやっていくことも大切だっただろう。人類の心理はそうした生活に適応できるように進化してきたのかもしれない。「生物が環境に適応するように進化してきた」という考え方を人間心理にもあてはめる考え方は、「進化心理学」と呼ばれる。

カリフォルニア大学サンタ・バーバラ校のジョン・トゥービー教授はこの分野のパイオニアとして知られ、「私たちの脳は、現代社会の問題を解決するようにデザインされているのではなく、狩猟採集生活をしていたころの問題を解決するようにデザインされているのだ」と指摘する。そして、人類の心をこんなふうに表現する。

「現代に生きる私たちに、石器時代の心が宿っている」（図１・10、54ページ）

図1・10　現代人に宿る石器時代の心

７００万〜６００万前に生まれた人類が、現代の私たちと同じ種である現生人類「ホモ・サピエンス」になるのは30万〜20万年前だ。農業を始めて社会が複雑になりはじめるのはわずか１万年前のことだ。約５０００年前になって、銅とスズの合金（青銅）を使うようになる。ようやく金属器の時代となり、原始的な石の道具を使う石器時代は終わる。

人類７００万年の歴史を１年のカレンダーに見立ててみると、１月１日に人類が誕生して、現生人類が誕生したのは12月16〜21日になる。さらに農業を始めるのは12月31日正午ごろと、もう年の暮れになってしまう。人類は大晦日の昼まで、

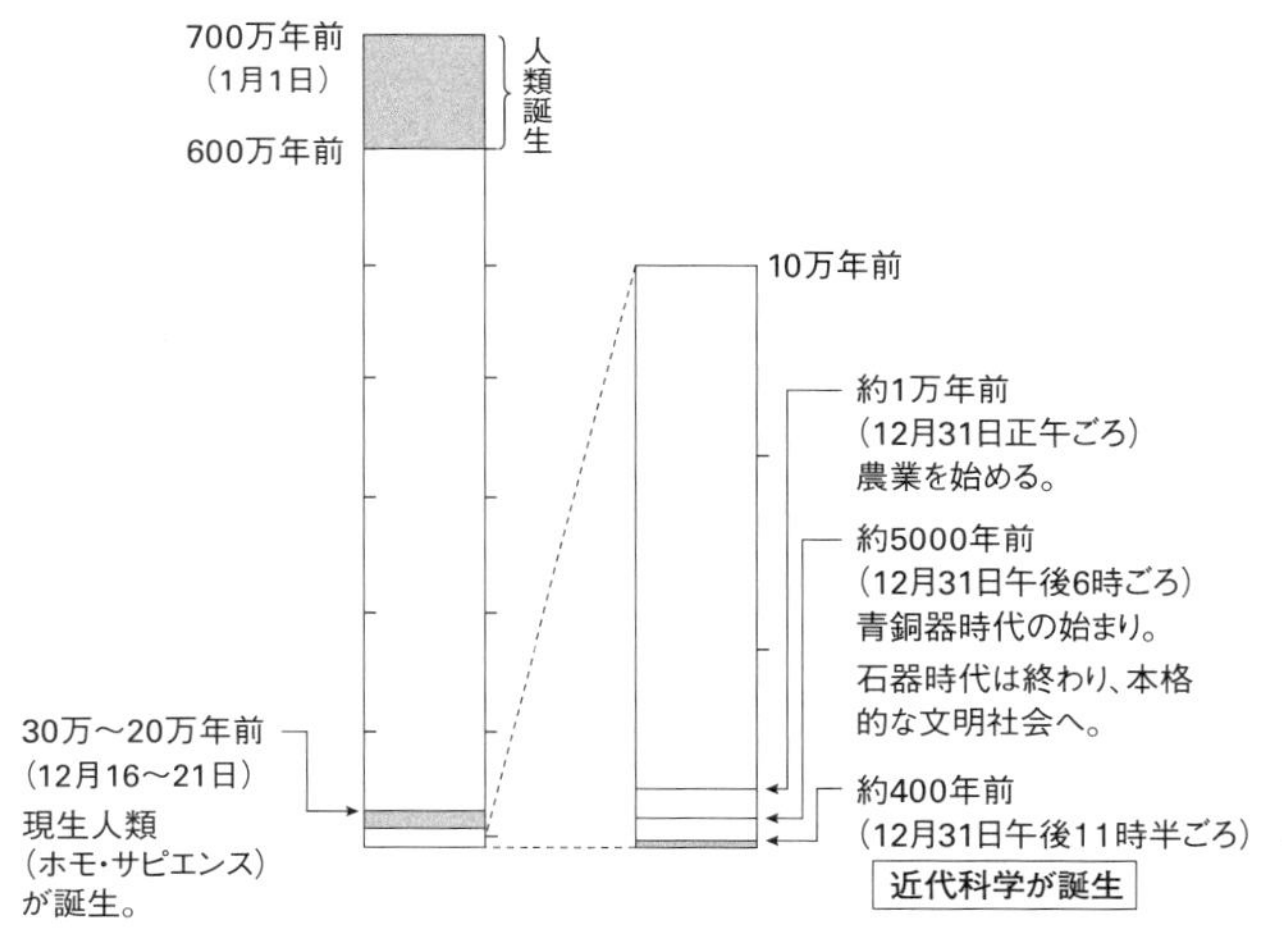

※（　）内は人類700万年の歴史を1年のカレンダーに見立てた場合の日付と時刻。

図１・11　科学が生まれたのは大晦日の深夜

狩猟採集の日々を送ってきたことになる（図１・11）。

農業が始まると、私たちは定住して土地などの財産を持つようになる。農業用水などみんなで使う公共施設が作られるようになり、その管理や運用などが必要になってくる。集団が大きくなれば、生活のルールを決めて、みんなが守るような仕組みも作らなければならない。こうして政治家や役人が生まれ、「文明社会」と呼ばれる複雑な社会になっていく。ちょうど、石器時代が終わり、金属を使い始める時期に重なる。先ほどのカレンダーのたとえでいえば、12月31日の夕方、ごく最近のことだ。

近代科学の誕生は12月31日午後11時半

人類進化の視点から科学を考えると、どう見えるのだろうか。「近代科学の父」といわれるイタリアの科学者ガリレオ・ガリレイ（１５６４―１６４２）のころから科学が始まったとすれば、その歴史はまだ４世紀余りだ。人類進化のカレンダーにあてはめてみると、12月31日午後11時半ごろになる。

ガリレオは自作の望遠鏡で当時は完全な球だと思われていた月にクレーターを見つけたほか、金星の満ち欠けの発見などをもとに地動説を確信したとされている。振り子が揺れる周期はおもりをつるす、ひもの長さで決まり、その揺れが大きくても小さくても同じであるという「振り子の等時性」も発見している。

重要なのは、観察や実験から法則を見つける手法を取り入れたことだ。自分の思いを主張するのではなく、「データに基づき法則を見つけ、検証する」という科学的な手法がガリレオ以降、広く使われるようになっていく。観察や実験で新たな原理を見つけ、それを技術に応用することで、飛行機で空を飛べるようになったし、ポケットに入るスマートフォンで世界中の情報を調べられるようになった。

そんな便利さに慣れてしまうと忘れがちだが、人類は最近の４００年余りをのぞけば、数百万年の歴史を、実験や観測に頼る近代的な科学とは無縁の生活をしてきた。もちろん、農業でいえば「春に種まきをして」といった自然のリズムには従っていただろう。しかし、「地球の周りを太陽が回っている」という直感に従う時代と、実験や観察を重視する科学の時代とは大きな隔たりがある。

人類の知性はそもそも、「地球が太陽の周りを回っている」という客観的な事実を突き止める手段として進化してきたわけではないだろう。アフリカの森やサバンナを舞台に、狩猟採集をして暮らす集団のなかで、自分を守り子孫を残す知恵を得るために進化してきたのだ。

「150人」に適応した脳

２０１６年の大統領選の最中、異端のトランプ氏が大躍進した「トランプ現象」を人類進化の観点から読み解こうとする研究が、注目を集めていた。長く狩猟採集生活をしてきた人類は、現代社会で暮らす膨大な数の人間をまとめるのが、まだ苦手なのだという。これが、トランプ現象の背景らしい。その分析からは、「理性的になりきれない」私たちの心も垣間見えてくる。

まずは、人類は何人ぐらいの集団であればお互いの関係をうまく築いてまとまりを保てるか、ということから考えてみたい。英国の人類学者ロビン・ダンバー博士は1990年代、人類がうまく人間関係を維持していける集団の人数は150人とする研究成果を発表した。ダンバー博士は、脳に占める、「大脳新皮質」と呼ばれる部分の割合に注目した。大脳新皮質は人類になって特に発達した部分で、思考や学習、言語などにかかわる高度な情報を扱う。いろいろな種類のサルについて、集団の個体数と大脳新皮質の割合との関係を調べたところ、大脳新皮質の割合が増えれば集団の個体数も一定の割合で増えることがわかった。

その関係を人類にあてはめると、人類の集団の人数は150人になった。

「150」という数字は別の調査からも支持された。ダンバー博士によると、アフリカなどの狩猟採集民の集団の人数も、ばらつきはあるものの150人前後が多かった。米国のキリスト教の教会に集う人たちの数が約150人だったり、英国人がクリスマスカードを送る相手が125～150人だったりすることを明らかにした研究もあり、意外なところで「150」という数に出くわす。職場の満足度が高いグループは150人以下の場合が多く、150人を超えると一体感が失われ、まとまりがなくなる傾向があるそうだ。できすぎているような気もするが、本当らしい。

こうした研究をもとに、多くの研究者は「狩猟採集をしていたころの私たちの祖先は150人以下の集団で暮らしていた」と考えている。

断片的な化石から集団の人数を特定することは難しく推定の域を出ないが、農耕を始めて社会が複雑になりはじめる約1万年前まで、人類の脳は150人以下の少人数での暮らしに適応して進化してきた可能性がある。

人類進化の観点からトランプ現象を読み解く

少人数での暮らしに適応した脳と、トランプ現象はどう関係するのか。詳しく知りたくて、2016年2月、飛行機で約6時間かけて、西海岸のワシントン州シアトルへと飛んだ。そこで事務所を構えるジャーナリスト、リック・シェンクマン氏（61）（写真1・5、60ページ）は人間の本能と政治との関係を分析した本を出版したばかりで、米メディアで注目されていた。人類進化の観点からトランプ現象を読み解いてもらうのに、うってつけの人だ。インタビューで、シェンクマン氏はこう切り出した。

「少人数の集団で進化してきた人類の脳は、数百万人を超える集団をまとめる民主主義の政

写真1・5　トランプ現象を人類進化の視点で解説するシェンクマン氏（2016年2月、シアトル）

治にまだ適応しきれていないのです。そんな人間の本能をトランプ氏は巧みに利用したのです」

民主主義の生みの親であるアメリカで、人類が民主主義に適応できてないことを、人類進化の視点から聞くというのは意外だった。

シェンクマン氏は、数百万年間にわたり小さな集団で暮らした野生の生活では、「恐れ」と「怒り」が重要な役割を果たしていたと考えている。野生動物に襲われる危険と隣り合わせの生活では「恐れ」が重要だったし、小さな集団をまとめたり敵と戦ったりする時には「怒り」が大きな力になった。そして、「恐れ」と「怒り」の本能は現代の私たちの脳にも、しっかりと受け継がれているようだ。

「怒り」が人々の感情を鼓舞してグループの一体感を生み出す効果は、大統領選でトランプ氏を支持する人たちの集会を見ていると実感できた。トランプ氏が「（対立候補の）ヒラリーは犯罪者だ」と訴えると、会場のトランプ氏の支持者は「閉じこめろ（lock her up）」と連呼し、その場を怒りの熱狂で包み込んでいた。

トランプ氏を支持する白人たちは、「仕事を奪った」「犯罪の温床だ」といった理由でメキシコからの不法移民に「怒り」を感じ、世界中で起きるイスラム過激派のテロ事件に「恐れ」を抱いていた。こうした人たちの本能に、「メキシコ国境に壁を作る」「イスラム教徒の入国を禁止する」といったトランプ氏の主張が響いた。トランプ氏は人々の怒りや恐れを呼び起こし、自らの支持につなげた。それらの政策が実現できるかどうかは、二の次だった。

トランプ氏は怒りや恐れに加え、単純なメッセージもひんぱんに使った。

例えば、トランプ氏は、オバマ前政権が導入した医療保険制度「オバマケア」を撤廃し、新制度を作ると宣言した。集会のたびに「撤廃し、置き換える（repeal and replace）」と訴えた。単純なメッセージを繰り返すだけで具体策は示さず、「俺を信じろ（believe me）」と言うばかりだった。

複雑な医療保険制度をどうしようとしているのか、専門家は批判していたが、単純なメッセージは支持者に響いた。シェンクマン氏は「私たちの脳は、医療保険制度など数百万人規模の複雑なことをちゃんと想像できず、すぐに解決できるかのような単純なメッセージに惹かれてしまうのです」と指摘した。これも、少人数の集団で進化してきた、私たちの脳の限界なのだろう。

「怒り」と「恐れ」、そして、単純なメッセージで支持者の心をつかんだトランプ大統領――。「現代の米国政治の機能不全を象徴するものです」。シェンクマン氏はそう語った。

同行取材でトランプ支持者の「怒り」に触れる

シェンクマン氏の分析を実感した取材がある。大統領選投票日の1か月前の2016年10月、クリントン氏への投票を呼びかける戸別訪問をワシントン郊外で同行取材した時のことだ。

写真1・6　戸別訪問でクリントン氏への支持を呼びかけるデービスさん（左）（2016年10月、ワシントン郊外）

日本では選挙運動で戸別訪問することは公職選挙法で禁じられているが、米国では各陣営が多くのボランティアを募り、広く戸別訪問を行っている。

私が同行取材したのは、非営利団体で研究員をしているマギー・デービスさん（28）（写真1・6）で、ソーシャル・メディアが発達した今でも「直接会って呼びかけるのが、票を確実にする最も有効なやり方です」と話していた。米国でこうした地道な選挙活動が行われているのは、少し意外だった。

民主党支部には長年引き継がれた名簿があり、それをもとにクリントン氏への投票が期待できる家庭を訪れ、「ヒラリーに投票を」と呼びかけた。好意的に「わかっているわよ」という家が多く、デービスさんは「旅行などに出かける場合は期日前投票をお願いします」と確実な一票のために念を入れていた。

しかし、運悪くトランプ支持者の家に当たってしまったこともあった。そんな時には、笑顔で「失礼しました」と言って退散する。決して無駄な説得はしないのだが、そのなかの一軒でドアを閉めて帰ろうとした時、トランプ氏のキャッチフレーズを背中に浴びせられた。

「Build the wall！（壁を作れ）」「Build the wall！」「Build the wall！」

選挙集会で支持者が連呼するようなリズムで、その言葉は繰り返された。叫ぶ若い男性の口調はドキッとするほど怒りに満ちていた。トランプ支持者の心の奥底にある感情に触れたように思えた。振り返ってみれば、あの時の口調に込められていた怒りが、トランプ大統領誕生の原動力だったのだろう。トランプ氏が当選を果たすまで、多くの人がその怒りの力を読み誤っていた。

科学に対する抵抗の起源は子ども時代

科学の話に戻ろう。私たちの脳は科学にまだ適応できていないかも、という話だった。そんな思いを強くしたのは、２０１８年3月、ペンシルベニア州立大学のリチャード・アレイ教授がワシントンの全米科学アカデミーで行った講演を聞いた時だった。気候変動が専門のアレイ教授は、科学的になりきれない人の心についても積極的に発言している。

アレイ教授はこの日、エール大学の心理学者ポール・ブルーム博士らが２００７年に米科学誌サイエンスに発表した論文をもとに、人の心が科学を拒む背景を説明した。

論文のタイトルは「大人の科学への抵抗は、子ども時代に起源がある」。論文はこう説く。子どもはまず直感で世界をとらえる。直感で世界をとらえれば、地球は平らだし、イヌの子はイヌに育ち生物は進化しない。科学が明らかにする世界が直感に反するのは世界共通のことだという。科学的な実験や観察で裏付けられる事実は、私たちの直感では見えてこないことが多い。

そうした直感が直されるのは、その後の教育のおかげだ。子どもが実際に「地球が平ら」かどうかを調べるわけではなく、信頼できる学校の先生や親から「地球は丸い」ことを教えられ、科学が示す世界を受け入れていく。異なる考え方を教えられたら、信頼できる人から教えられたほうを選ぶ。

例えば、学校で進化論を教えられても、親からは進化論ではなく神が私たちを創ったとする「創造論」を教えられる場合を考えてみよう。最も身近で信頼できる親が言っていて、さらに「イヌの子はイヌで進化しない」という考え方は、直感にうまく合っている。「直感に合う」「信頼ある人から教えられる」という二つの要素がそろえば、子どものころに抱いた科学と食い違う考えは、大人になってもそのまま保たれる。科学への反発や反感という大げさなレベルではなく、自然の成り行きとして科学的でない考え方が身についていくのだ（図1・12、66ページ）。

そう考えると、米国社会で創造論が一定の支持を集めつづけているのも、不思議ではなく当然のことのように思えた。第3章で詳しく紹介するが、米国で進化論を支持する人は国民全体の約2割に過ぎない。創造論を支持する多くの親は、子どもに進化論を教えないだろう。まえがきで紹介したように「進化論はでっちあげ」と教える親もいる。そんな「教育」が続き、進化論への支持は少数派のままになっているのかもしれない。

地球温暖化も同じように直感ではうまく理解できず、信頼する人が「地球温暖化はでっち

図1・12　子どもの直感が直されないと「反科学的」な大人になる？

あげ」と教えれば、そんな主張にたやすく影響されてしまう。目に見えず匂いもしない二酸化炭素は、そもそも存在が実感できない。だから、「二酸化炭素が地球の気候を変えているから、あなたは生活スタイルを変えなければいけない」と言われても、すぐに「そうですね」とは思えない。

「私たちはちっぽけで地球は大きい。私たちが出す気体が気候を変える可能性があるとは思えない」。アレイ教授はそんな主張をする多くの人にこれまで悩まされてきたという。「私たちの心はだまされやすく、直感的な考えが脳に深く埋め込まれてしまっている」とアレイ教授は話した。

地球の歴史が46億年に及ぶことも直感的には理解できない。聖書の解釈によれば、世界の歴史は６０００年になるらしい。アレイ教授が過去の気候を調べるために約11万年前までさかのぼる氷の層を分析していた時、ある学生がこう異議を唱えたという。

「あなたは聖書が示すよりも長い地球の歴史を主張している。不道徳なうそつきだ」

フラット・アーサーズ……「地球が平ら」と考える人たち

米国には「フラット・アース国際会議」と呼ばれる、「地球が平ら」だと考える人たちの集まりがある。この国際会議は2017年11月、南部ノースカロライナ州で初めて開かれ、約500人が参加した。

彼らは「フラット・アーサーズ(Flat Earthers)」と呼ばれている。テキサス工科大学のアシュリー・ランドラム博士(写真1・7)は、フラット・アーサーズを研究している。

写真1・7 「地球は平ら」と考える人たちについて話すランドラムさん(2018年2月、テキサス州オースティン)

2018年2月、世界最大の科学者団体とされる「米国科学振興協会(AAAS)」の年次大会のシンポジウムで、ランドラムさんの講演を聞く機会があった。AAASは科学と社会の橋渡しの役割を担い、世界で最も権威ある科学雑誌の一つ『サイエンス』を発行している。AAASの年次大会では最先端の科学の成果だけでなく、科学と社会にかかわる課題についても広く議論される。2018年の大会はテキサス州オースティンで開かれ、約1万人が参加した。

ランドラムさんの発表によると、フラット・アース国際会議の参加者は白人男性が多かった。聖書の記述を言葉通りに受け止める傾向が強く、多くの人が地球の歴史は6000年と考えていた。一方で、教会などの組織的な宗教活動への不信感があった。

ユーチューブのビデオ（Eric Dubay：200 Proofs Earth is Not a Spinning Ball）を見て、フラット・アーサーになった人が多かったという。一部の人の間で、フラット・アースを主張するビデオが流行しているらしい。2019年4月時点で、このユーチューブが再生された回数は80万回を超えていた。映像は2時間に及び、「水平線や地平線はどこで見ても常に平らだ」という1番目の「証拠」から始まり、「地球が平ら」である「証拠」をあらゆる視点から200個紹介している。2時間見るのは大変だが少しだけでも見てみると、フラット・アーサーズの想像力と意欲に、驚きというかすごさを感じる。映像もよくできている。「違う世界」を垣間見ることができるので、お時間のある方はどうぞ。

さて、フラット・アース国際会議の参加者はユーチューブがきっかけで「地球が平ら」と信じはじめた人が多いようで、子どものころの直感をそのまま信じているわけではなさそうだ。ただ、直感を信じる傾向は強いらしい。

ランドラムさんたちのインタビューに対し、参加者の一人は「自分がこれまで行ったところは、どこも平らだった。それに、自分たちがものすごい速さで動いているなんてことはありえない」と話した。自分の感覚が第一で、「地球の自転や公転を感じられなければ、それは存在しない」という結論になる。

ほかの一人は「私が頼れるのは自分の目だ。その目で、はるか100キロメートル先の平原を見渡すことができる。これこそが地球が平らである証拠だ」と話した。そうした感覚あるいは直感を信じる心が、ユーチューブをきっかけに呼び覚まされたのかもしれない。

一方、フラット・アース国際会議を主催したロビー・デビッドソン氏は科学全般に不信感を持ち、『『科学』は、科学的な用語で作られた信仰のシステムだ。物事をその信仰にうまくあてはまるように解釈しているのだ」と主張する。デビッドソン氏はこうした主張について本を書き、ビデオを作り、販売している。

宇宙開発はすべて「でっちあげ」!?

ランドラムさんたちの研究によると、フラット・アーサーズは一般の人よりも「自分は論理的だ」と考える傾向が強かったという。政府や公的機関への不信感も強く、疑り深い性格だった。「自分は公式見解にだまされるほど、愚かではない」といった感じだ。「政府などが共謀して事実を一般市民から隠している」という「陰謀論」を信じやすい特徴もあった。

「ケネディ暗殺では、米中央情報局（ＣＩＡ）が背後で動いていた」など様々な陰謀論が今も人気のアメリカ――。フラット・アーサーズのお気に入りの陰謀論はこれだ。

「アポロ計画は、ＮＡＳＡが旧ソ連との宇宙開発競争に勝つためにでっちあげたものだ」

この陰謀論では「月面着陸の映像は、ＮＡＳＡが映画会社をまき込んで巧妙に作り出したフィクション」ということになっている。

アポロ計画がでっちあげだったとしたら、大勢のＮＡＳＡ職員が半世紀にわたって秘密を守りつづけているということだろうか。ランドラムさんたちのインタビューに答えた一人は「秘密を知っているのは上層部の一部だけで、ほかの大半の職員は、自分の仕事の本当の意味を知らされていないのだ。彼らもだまされている」と説明したという。いかなる批判があろうとも、常に、その反論を作り出していくのが陰謀論の特徴だ。

「地球が丸い」ことを疑うフラット・アーサーズの視点で見れば、宇宙から撮った丸い地球の写真も、そうした写真撮影を可能にした宇宙開発もすべて「でっちあげ」という結論になってしまう。「アポロ計画陰謀論」を信じるのはある意味、必然なのだ。科学を疑う人たちの中でも、かなり極端なグループといえそうだ。

私のワシントン支局在任中の２０１８年3月、一人のフラット・アーサーが「地球が平ら」であることを確かめるために自作のロケットに乗り込み、カリフォルニア州の砂漠から空に飛び上がった。

AP通信など米メディアによると、その人はマイク・ヒューズさん（61）。普段はリムジンのドライバーをしていて、2万ドル（約220万円）をかけて自分でロケットを作り上げた。DIY（DO IT YOURSELF）の国アメリカらしいが、スケールの大きさに驚く。到達高度は約570メートル。それなりに高いと思うが、地球が丸いと上空から見てわかる高度は約10キロメートルらしい。まだ先は長い。

人間心理の深層を探る窓

ところで、フラット・アーサーズは社会に何か問題をもたらしているのだろうか。科学的に正しいかどうかは別にして、「地球は平ら」と思うのは個人の自由だろう。地球が丸くても平らでも、日常生活には関係がなく得も損もないように思える。「地球が平ら」と思いたければ、「どうぞご自由に」ということではないか。「地球は丸いんですよ」といちいち説教するのは、お節介というものだろう。

講演が終わった後にランドラムさんに聞いてみた。「『フラット・アーサーズ』の何が問題なのですか」

ランドラムさんは言った。「私たちは、『地球が平ら』という問題そのものに興味があるというよりも、ユーチューブなどのメディアが、人々の科学的な考え方に与えている影響に関心があるのです。誤った情報が広がる仕組みは、地球温暖化の懐疑論などにも共通する問題だと思います」

そして、核心に触れた。

「より大きな問題の兆候が、フラット・アーサーズに表れていると思うのです」

フラット・アーサーズは、社会に広がる科学不信が、私たちに見える形で顔を出した一つの現象なのだろう。その背後には、より深刻で奥深い人間心理の闇があるのかもしれない。

数えきれないほどの人工衛星が地球を回る時代にあっても、「地球が平ら」という直感を信じている人たちの考え方を調べることは、たしかに人間心理を掘り下げる格好の切り口になるように思えた。「トランプ現象」も同様に、人間心理の深層を探る窓になりうると思える。こうした研究はまだ始まったばかりなのだという。今後の研究で、科学が苦手な私たちの真相がさらに明らかにされるのかもしれない。

1・3 科学者の声を聞く必要はあるか

科学の力――社会の「見張り役」

ここまで、知識が増えるにつれて考え方が極端になる人間心理や、もともと人間の脳が科学に適応できていない可能性を見てきた。「人は科学が苦手」だとすると、人々が科学者の声を聞くことはできるのだろうか。科学者の声を聞く意味は、何なのだろうか。

そんなことを考えてモヤモヤする気持ちをすっきりさせたくて、北東部マサチューセッツ州ケンブリッジのハーバード大学を訪ね、ナオミ・オレスケス教授（科学史）（写真1・8）にインタビューした。オレスケス氏は、地球温暖化懐疑論の社会的な背景を分析するなど、米国で科学と社会の関係を調べる第一人者だ。

オレスケス氏は科学者の役割を「見張り役（sentinel）」と表現する。有毒ガスをいち早く察知して知らせてくれる「炭鉱のカナリア」のように、科学者は専門知識を使って一般の人が気付かない危険を教えてくれる、というイメージだ。格好良すぎる気もするが、歴史的に科学者はそうした役割を果たしてきたのだという。

「例えば、19世紀に天然痘のワクチンの安全性に対する不安が人々の間に広がった時にも、科学者は専門知識をもとに政府に助言していた。専門家でなければわからないことがある。20世紀後半から、科学者が声を上げることがますます重要になった。オゾン層の破壊や地球温暖化問題など人類の将来を脅かすような問題が出てきて、警鐘を鳴らすのは科学者の道義的な責任といえる。科学者は社会の『見張り役』を果たすべきだ」

オレスケス氏はそう指摘した。

２０１８年1月、見張り役としての科学者の役割を実感するニュースがあった。米航空宇宙局（ＮＡＳＡ）が、南極上空のオゾン層が減少する「オゾンホール」が回復する傾向にあることを実際の観測データで初めて確かめたと発表したのだ。

２００５～16年に人工衛星で観測した南極上空のデータを分析し、

写真1・8　地球温暖化懐疑論の背景などについて研究するオレスケス氏（2017年3月、マサチューセッツ州ケンブリッジ）

冬季に失われるオゾンの量が２００５年の観測当初に比べ、約20％減ったことがわかったという。オゾン層を守るために作られた「モントリオール議定書」（１９８９年発効）の効果が表れはじめたのだ。

オゾン層が、スプレーなどに使われた化合物「フロン」によって破壊される仕組みや、その破壊の様子は、科学的な観測や研究によって明らかにされた。上空のオゾン層は太陽からの紫外線を吸収する働きがある。オゾン層が減りつづけると、地表に降りそそぐ紫外線が増え、皮膚がんなどが増加する恐れがある。そのため、国際社会はモントリオール議定書を作りフロンの使用を規制した。

「科学者の知識をもとに国際社会が対応し、オゾン層破壊の悪化を食い止めることができた」という意味で、人類の英知を感じる話だ。オゾン層破壊の状況や仕組みは、いくら賢い人でも専門知識なしにはわからないだろうし、対策の施しようもない。

この例が示しているのは、観察や実験で裏付けられた科学的な成果の力だ。個々人の思いを訴える「意見」や「主張」にはない、科学が持つ力がそこにある。

科学はプロセスだ

ただ、科学は絶対ではない。

科学に論争はつきものだ。20世紀には「大陸移動」や「恐竜絶滅」を巡って、ときには研究者同士の人格攻撃に発展するほどの対立があった。

ほとんどの科学研究は不完全だ。その後の観測や実験などによって、ひっくり返されたり修正されたりするものだ。科学は、観察や実験を通して信頼ある知識を少しずつ獲得していくプロセスだといえる。そして、そのようなプロセスで積み上げられてきた進化論や地球温暖化などの科学的な知識は、それぞれの人の思いを訴える主張とは異なる。

競争の激しい現代社会では、科学者が大げさなデータや、時にはでっちあげのデータを発表して注目を浴びることもあるが、そうした研究は時間とともに排除される。

もちろん、科学が人間の営みである以上、科学者が組み立てる研究の枠組みは、時代ごとの社会の見方や価値観に影響される。

さらに人間の認知能力に限界がある以上、「究極的な客観性」に到達することはできないのかもしれない。そうした科学の限界を巡って哲学的な議論をすることは学問として必要だろう。しかし、科学も「一つの見方」に過ぎないという相対主義が行きすぎれば、自らに都合の良い解釈ばかりが先行しかねない。

一方、科学者が自分たちの成果を「データに基づく」「証拠に基づく」などと特別に扱い、正しさばかりを主張すれば、一般の人は科学者が傲慢だと感じるかもしれない。

オレスケス氏はこんなふうに言う。

「科学者が独善的でオープン・マインドでないように見えるかもしれないが、重要なのは科学において証拠が果たす役割を考えることだ。科学者たちが証拠をもとに議論し、みんなが合意できれば違う考えは信頼されなくなる。議論を続けるのは無駄と思われる。しかし、その合意は永遠ではない。別の証拠が出てくれば改めて議論する。その時に『それはもう解決済み』という姿勢は決して取らない。そのように科学は発展してきた」

科学者たちが「これが科学的な合意です」と言う時、科学者が権威を持って主張を押し付けていると感じるかもしれないが、それは科学者自身の権威ではない。

例えば、重力の法則を信頼あるものにしているのは、それを明らかにした科学者の権威ではない。重力の法則が、観測などを通して自然の姿に合っていることが確かめられているからだ。本質的な自然の姿こそが、科学の権威の源なのだ。

そのようにして科学的な成果が生み出されているからこそ、科学者は「データに基づく」「証拠に基づく」と言って、「意見」や「主張」と区別しているのだ。

事実は自動的に人の心に染み込むものではない

それでは、科学的事実が意見と区別されると、人々はその科学的事実を受け入れるのだろうか。そう単純ではないことはこれまで見てきた通りだ。

事実が人々の心に、自動的に染み込むことはない。

世の中は正しいことだからといって、実現するわけではないのが悩ましい。

例えば、１９６０年代の米国で黒人の権利拡大に向けて活動したマーチン・ルーサー・キング牧師は「道のりは長くても、私たちの道徳心が向かう先には、正義がある」と訴えた。奴隷制度の廃止や女性の参政権などを実現してきた米国の歴史を踏まえ、人種差別を乗り越えていく期待を表現したものだ。しかし、人類の歩みが本当に正義に向かっているかどうかは誰にもわからない。現代社会は今も、貧困やテロの恐怖、社会の不平等、理不尽な差別を抱えている。

真実についても同じことがいえる。時が経てば、真実がウソに打ち勝つことを私は願うが、それが実現するかどうかはわからない。

この章の初めで見てきたように、人は自分の見たくないものは見ないし、自分に都合良くデータを解釈することもある。だから、正しい事実を提示するだけでは、理解されないのだ。

現代社会では、遺伝子組み換え作物（ＧＭＯ）やワクチンの安全性など、生活に密接にかかわる科学の問題が増加している。必ずしも政治的な立場に左右されるものばかりではないが、科学的な事実とは離れて、それぞれの人の思いや感情に基づいて判断されやすい。

私たちが思ったほど理性的ではないからこそ、科学者やジャーナリストは、科学の伝え方にもっと気を配っていくことが大事なのだと思う。

コラム 「ノーベル賞学者」というラベル効果

「高いワインは美味しく感じる」とよくいわれるが、味覚だけでなく、論理的で合理的と思いたい人間の思考にも、ラベルは大きく影響しているようだ。

学術の世界で最も力を持つ「ラベル」は、「ノーベル賞受賞者」という肩書だろう。米国生まれのノーベル賞受賞者（自然科学分野）は2016年末時点で180人を超え、日本の22人をはるかに上回る。米国では、ノーベル賞受賞が国民的な大ニュースになることは少ない。それでも、ノーベル賞は特別だ。

16人の教員が自然科学分野で受賞したカリフォルニア大学バークレー校にはノーベル賞受賞者専用の駐車場がある。もちろん、キャンパスの中心にある（写真1・9、82ページ）。客員研究員をしていた2013年、バークレー校のノーベル賞受賞者が1人増えた。分子・細胞生物学部のランディ・シェックマ

写真1・9　カリフォルニア大学バークレー校のキャンパスの中心にあるノーベル賞受賞者専用の駐車場（2013年9月、カリフォルニア州バークレー）

ン教授が生理学・医学賞に輝いた。

受賞発表後にキャンパスで開かれた講演会は、立ち見が出る盛況ぶりだった。「ノーベル賞のおかげで、発言が注目されるようになった」と喜ぶシェックマン教授は「商業主義の科学誌が研究をゆがめている。研究の発展より部数増に力を入れている」などと持論を訴えていた。

シェックマン教授は、細胞のなかで物質が運ばれる仕組みを明らかにした成果で、細胞生物学の分野では有名人だ。しかし、受賞前は分野を超えて大勢の人に注目してもらう機会は少なかったという。

「発言が注目されるようになった」と喜ぶシェックマン教授の話を聞きながら、日本人受賞者が正反対の話をしていたことを思い出した。２０００年に化学賞を受賞した白川英樹博士が「ノーベル賞受賞者というだけで発言が尊重される。奇妙なことだ」とこぼしていたのだ。

科学の世界では、正しい実験手法できっちりとデータを取ることが第一だ。実験者がノーベル賞学者なのか、駆けだしの研究者なのかは原則、問わない。有力教授の研究が、無名の研究者より評価されやすいというのは事実かもしれない。しかし、原則は人よりデータだ。ノーベル賞学者になった途端、内容が変わらないのに発信力が高まることに違和感を抱くのは、科学者らしい姿勢に違いない。

理系出身の私も、白川博士の違和感を聞き、「そうだよね」と内心思った。

一方、現実社会では、経験豊かなベテランのアドバイスは合理的であるかどうかはさておき、解決策に結び付くことが多いのも事実だ。「俺が白と言ったら、白だ」などと無理なことを言う人は困るが、「データが大事」「内容で議論を」ということばかり主張していると、「だから理系は頭が固い」と言われることになるのかもしれない。

第2章

米国で「反科学」は人気なのか

科学的ではないことをしばしば言うトランプ大統領を生んだ米国は、反科学的なのでしょうか。

◆　◆

18世紀に欧州の貴族主義や権威主義に反発し、国として独立した米国の底流には、反エリート主義があります。その米国人気質は、権威に頼らず自らフロンティアを開拓する強さを生む一方、「インテリの言うことは聞きたくない」という感情から「反科学主義」につながりかねません。

20世紀後半からは、地球温暖化の問題などで科学の成果が産業活動を制限するようになり、産業界が科学を嫌うようになりました。同じ時期にキリスト教の保守的なグループが、人工妊娠中絶など生殖に介入してくる科学への不信を強めました。産業界とキリスト教の保守的なグループという、一見かかわりの薄そうな二つのグループが力を合わせ、科学に反発する集団となりました。この勢力が、トランプ氏のような反科学的な大統領を誕生させる原動力の一つになったといえます。

トランプ大統領は就任後も事実とは異なることを平然と言い、科学的な事実に反する政策を進めています。そんなトランプ大統領に対し、科学者が大規模なデモ行進をしたり、自ら政治の世界に飛び込んだり、科学と社会の橋渡しをしようとする活動を始めています。

◆　◆

２・１　米国の科学不信の底流

反エリート主義と知性への反発

地球温暖化の科学を否定するなど専門知識を軽んじるトランプ大統領が誕生した米国は、「反科学」が支持されているのだろうか。前章から引き続き、ハーバード大学のナオミ・オレスケス教授（科学史）のインタビューをもとに考えてみたい。

オレスケス氏はまず、米国の歴史を振り返った。

「米国の民主主義の源流には、欧州の貴族主義への反発がある。だから、私たちは国王を持たない。歴史的にエリートや専門家に懐疑的になるという感情が米国にはある。一方、権威への反発は容易に、知性への反発に転がり落ちてしまう」

その上で、トランプ大統領誕生をこう位置付けた。

「権威や知性に反発する国民感情が表面化した、直近の事例だ」

米国での取材で感じたのは、建国の歴史や憲法の精神など国としての成り立ちにたち戻って「アメリカという国は、〇〇だから」と話す研究者が多いことだ。「科学の話をしていたのに、いつのまにか話題は米国の歴史だった」ということを何度も経験した。

オレスケス氏は1776年に英国から独立し、「民主主義」という壮大な実験を始めた米国の歴史を振り返って、科学の意義を説いた。

「米国の独立宣言を起草し、第3代大統領になったトーマス・ジェファーソン（1743―1826）は、民主主義に科学は不可欠だと考えていた。科学を通して学ぶ、（既存の考え方に）批判的な精神や好奇心は、健全な民主主義に重要な役割を果たすからだ」

民主主義は、国の政策決定を選挙という仕組みを通して、国民にアウトソーシング（外注）しているともいえる。発注を受けた国民が十分な知識や判断力を持つことが、民主主義に欠かせない。ジェファーソンは1804年、米国が始めた民主主義という実験について、こんな言葉を残している。

「米国が今、試みている実験ほど興味深いものはほかにない。私たちはこの実験で、理性と真実による統治が可能であることを証明するだろう」

事実を軽視するトランプ大統領を見ていると、民主主義という実験がそのような結論に至るのかどうか、一抹の不安を感じる。

とはいえ、米国はこの実験がうまくいくように努力もしてきた。その一例に、スミソニアン協会がある。

スミソニアン協会は、英国の科学者ジェームズ・スミソン（１７６５—１８２９）の遺産をもとに１８４６年に設立された。現在は首都ワシントンなどに絵画や歴史、宇宙開発など幅広い分野で19の博物館を持つ。天文や環境などに関する９つの研究施設も持ち、世界最大規模の研究・展示組織だ。

スミソニアン協会が作られた時、研究だけの組織では民主主義を支えられないと多くの人が考えた。そのため、一般の人に情報を届ける博物館を作った。情報が届かないと、民主主義がもろくなってしまうからだ。そうした思いは、いずれの博物館も無料で見学できるという姿勢に表れている。

多様な博物館では、米国の建国以来の歴史や先住民の暮らし、現代の環境問題などに関する豊富な資料が展示されている。航空宇宙の博物館では、引退した米スペースシャトル（写

（上）写真2・1　スミソニアン国立航空宇宙博物館の別館に展示されているスペースシャトル「ディスカバリー」(2016年8月、ワシントン郊外)

（下）写真2・2　スミソニアン国立航空宇宙博物館に展示されているライト兄弟が動力付きで初飛行に成功した飛行機（2018年12月、ワシントン）

真２・１）や、ライト兄弟が人類で初めて飛行に成功したエンジン付きの飛行機（写真２・２）が見られる。私の勤務先だったワシントン支局から歩いて10分ほどで行ける博物館も多く、気分転換に出かけたこともあった。世界トップレベルの展示が無料で気軽に見られるのは、とても贅沢なことだった。

「インテリの指図なんていらない」

「欧州の貴族主義に反発し、個人が自分たちで情報を集めて判断し、社会を築く」という理想は素晴らしい。反エリート主義そのものは健全だと思う。

ただ、オレスケス教授が指摘するように、反エリート主義には危うい面もある。権威への反発は、名門大学など「エスタブリッシュメント（既存の支配階層）」への反感を生み、知性そのものへの否定につながりかねない。自分たちの利益のために、反エリート主義の危うい面につけ込もうとする人たちもいる。

かつて、たばこ業界の人々はこんな言葉で、たばこの健康被害を訴える人たちに対抗した。

「名門大学のインテリの指図なんて、いらない。たばこを吸うか吸わないか、決める権利は本人にある」

写真２・３　ファルコン・ヘビーの打ち上げ成功を受けた記者会見で「狂気じみたことでも実現できることを学んだ」と語るマスク氏（2018年２月、フロリダ州ケネディ宇宙センター）

米国での取材では、反エリート主義・反権威主義の光と影を感じた。旧来の知識に縛られることなく知の地平を切り開く米国の力強さは、光の側面だろう。誰もが自らの経験や知識をもとに真実を追究する自主独立の姿勢は、背景に反権威的な思想が垣間見える。

例えば、ＮＡＳＡとは別に民間独自でロケット開発を進める企業の姿勢は、「自分たちが未来を切り開く」というアメリカン・スピリッツを感じさせるものだった。米宇宙企業「スペースＸ社」のイーロン・マスク最高経営責任者（46）（写真２・３）は火星移住を最終目標に掲げ、ロケットや宇宙船を開発している。本当に火星に移住するのは難しいだろうが、２０１８年時点で最も輸送能力が高い現役ロケットは、スペースＸ社が独自開発したロケット「ファルコン・ヘビー」（写真２・４）だ。ＮＡＳＡをしのぐ技術力を持ちつつあるのだ。

一方、政治経験のないトランプ氏は、ワシントンの政治家を「エスタブリッシュメント」と批判し、喝采を浴びた。その姿にも、反権威の国民感情が垣間見えた。トランプ氏は政治

写真2・4　現役ロケットとしては、最も輸送能力が高いスペースX社のファルコン・ヘビーの打ち上げ（2018年2月、フロリダ州ケネディ宇宙センター）

的な権威だけでなく、地球温暖化対策など科学的な成果に基づく政策までも否定する。それは、行きすぎた反エリート主義の負の側面だろう。反科学に陥りやすい危うさが米国社会に潜んでいる。

〝応援団〟がいつのまにか〝目障りな存在〟に

では、現代の米国社会に広がる科学不信はどんな様子なのだろうか。科学を好ましく思っていないのは、どんな人たちなのだろうか。

ウィスコンシン大学のゴードン・ゴーチャット博士が2012年に発表した論文は、数十

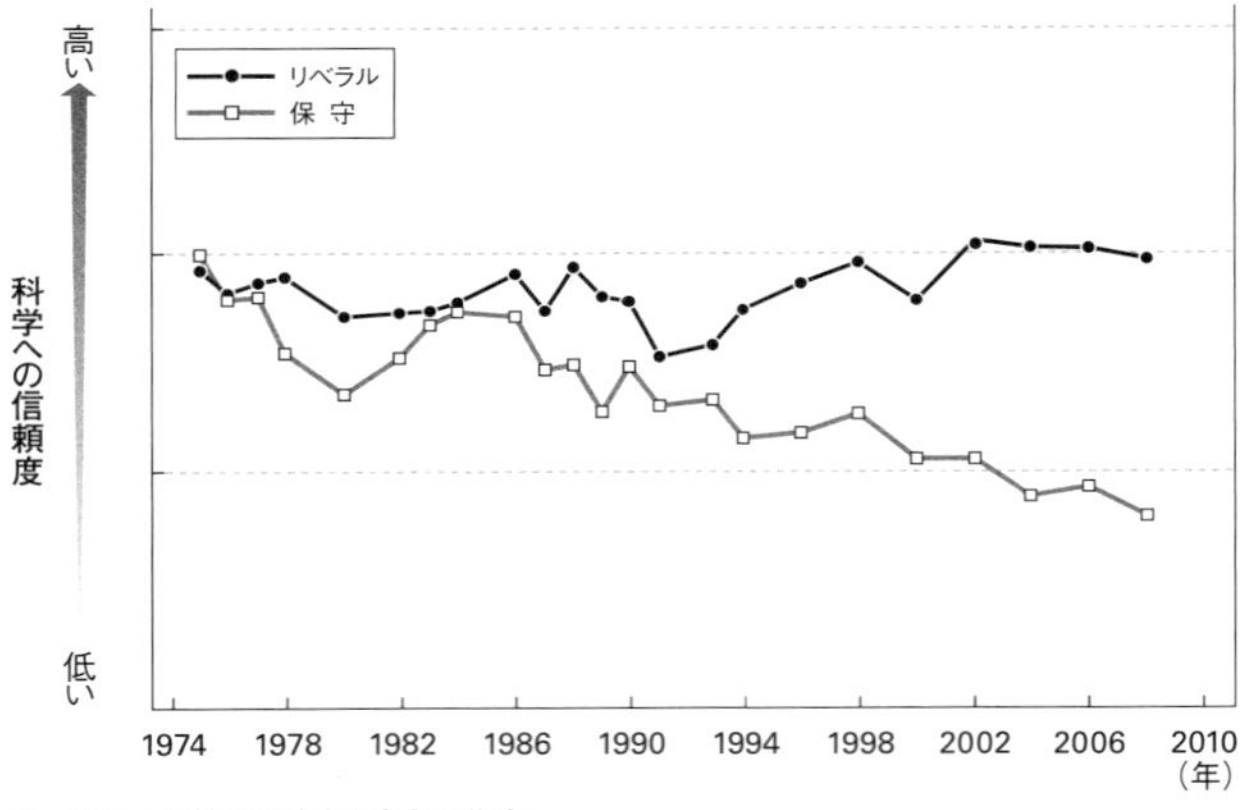

ゴーチャット博士の論文をもとに作成

図2・1　1990年以降に広がった保守派の科学不信

年に及ぶ世論調査結果を分析し、1990年代以降に保守的な政治信条を持つ人が科学への不信を募らせていった状況を明確に描き出した（図2・1）。

保守派の科学不信の背景の一つは、科学が産業活動に伴う環境の悪化を明らかにしはじめたことだ。レイチェル・カーソンが1962年に出版した『沈黙の春』が、こうした流れを作るきっかけだった。以来、産業活動を支えてきた科学が、逆に規制を作るための手段として使われるようになった。産業の応援団だった科学が、目障りな存在になりはじめたのだ。環境保護を求める動きは、自由な産業活動を脅かす「緑の恐怖」となった。

ゴーチャット博士は論文でこう指摘する。

「社会における科学の位置付けに変化が生まれ、政府の規制に反対する保守派のなかで科学への不信が生まれはじめた」

科学的な成果が行政や政治に影響力を持つようになり、「科学は急速に政治色を帯びてみられるようになり、政治から距離を置いた存在ではなくなった」（ゴーチャット博士）。

ただ、保守的な共和党が１９６０年代から環境政策全般を嫌っていたわけではない。各省庁に分かれていた環境規制に関する部局を統合し、強化した米環境保護局（ＥＰＡ）は１９７０年、共和党のニクソン大統領が議会に提案して発足した。トランプ大統領は環境規制を経済発展の妨げと見なし、ＥＰＡを敵対視するが、その生みの親は共和党政権だった。

スモッグや酸性雨の対策として厳しい規制を盛り込んだ大気浄化法改正案は１９９０年、上院と下院でともに圧倒的な大差で可決され、共和党のブッシュ（父）大統領が署名した。明確な変化が現れるのは、１９９０年以降だ。

「赤（社会主義）の恐怖」から「緑（環境保護）の恐怖」へ

共和党が１９９０年以降、環境問題に反発しはじめた実態を、ミシガン州立大学のアロン・マクライト教授（写真２・５、96ページ）が２０１８年２月、テキサス州オースティン

写真２・５　共和党支持者の環境問題への姿勢を研究するマクライト教授（2018年２月、テキサス州オースティン）

で開かれた米国科学振興協会（ＡＡＡＳ）の大会で紹介していた。ここではマクライト教授の論文のデータにも触れながら見ていきたい。

一つのデータは連邦議員の姿勢だ。上院と下院の議員が自然保護や気候変動など環境に関連する法案に賛成したか反対したかをもとに、それぞれの議員が環境政策に前向きかどうかを環境保護団体が評価した。その結果、１９９０年以降、共和党議員はだんだん後ろ向きになり、民主党議員が逆に前向きになっていく姿勢がはっきりした（図２・２）。

もう一つのデータは一般市民の受け止め方だ。「環境問題への政府の支出は少なすぎるかどうか」を聞いた世論調査の結果をマクライト教授らが支持政党別に分析してみると、１９９０年以降、共和党支持者は環境問題にあまりお金を使いたくないと考えるようになっていた（図２・３）。

共和党はなぜ、１９９０年以降に環境政策をいやがるようになったのか。マクライト教授は、その背景を次のように分析する。

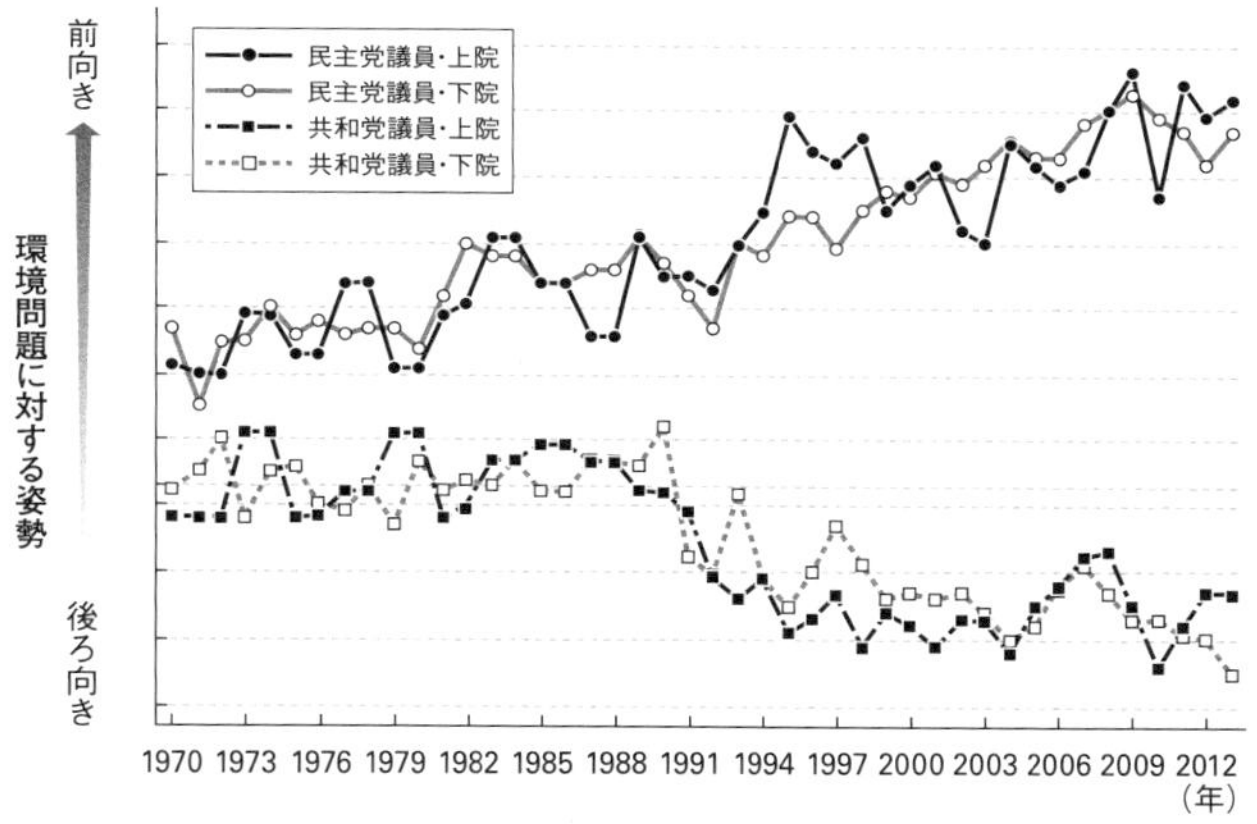

マクライト教授の論文をもとに作成

図2・2　共和党議員は環境問題に後ろ向きになった

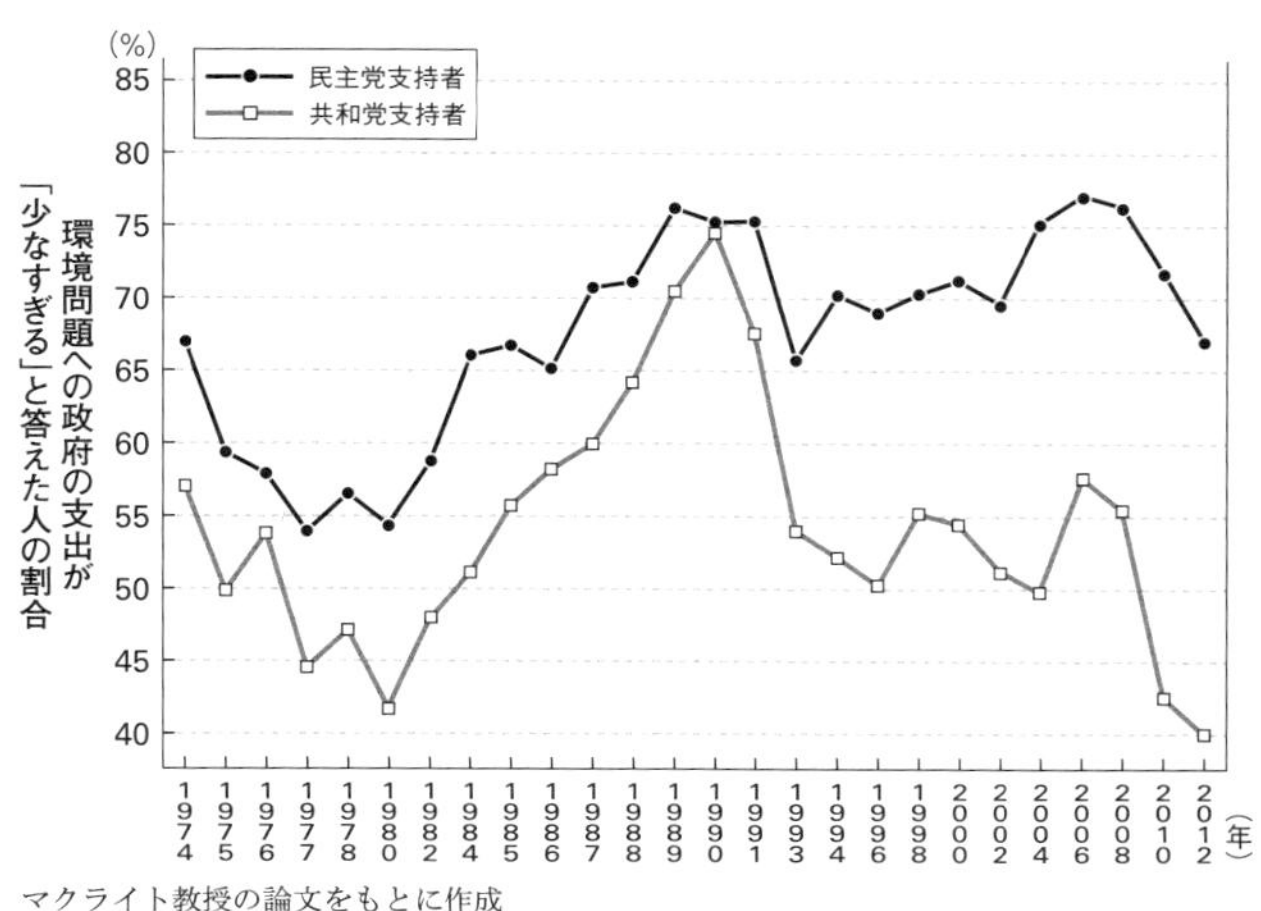

マクライト教授の論文をもとに作成

図2・3　共和党支持者は環境問題にお金を使いたくないと考えはじめた

▽1991年の旧ソ連の崩壊により、保守系メディアやシンクタンクがそれまでの「赤の恐怖」の代わりに、「緑の恐怖」を主張するようになった。それによって、一時的な「恐怖」の空白を「緑」が埋めた。

▽地球温暖化やオゾン層の減少、生物多様性の減少など地球規模での環境問題が国際政治の主要議題として登場し、各国政府に対応を求める動きが活発化した。そうした国際社会からの要請に、反発が起きた。

こうした要素が重なり合って、共和党の人々は環境政策を嫌うようになったのだろう。産業界からの資金が保守系のシンクタンクに流れ込み、このような動きを促した。

ちなみに、共和党のシンボルカラーは赤で、民主党は青。共和党が強い州は「レッド・ステート（red state）」と呼ばれるが、マクライト教授が「赤の恐怖（red scare）」という時の「赤」は共産主義や社会主義を指す。正反対の政治勢力が同じシンボルカラーを持つのは不思議だが、なぜか、そういうことになっている。

「赤の恐怖」の「赤」と環境保護の「緑」を結び付けた象徴的な言葉がある。世界各国が参加して環境問題を議論した「国連環境開発会議（地球サミット）」が１９９２年にリオデジャネイロで開かれるなど、１９９０年代前半、国際的に環境保護運動が盛り上がっていた。当時、保守派のコラムニスト、ジョージ・ウィル氏は環境保護の動きをこんな言葉で非難した。

「赤い根を持つ緑の木（green tree with red roots）」

環境保護のための規制は、背景に社会主義的な考え方があると攻撃したのだ。こうして、環境保護が政治的な問題になっていく。

環境保護は必ずしもすべてが規制を伴うわけではない。例えば、環境への悪影響を抑えた新素材の開発などでも対応できる。しかし、政治的な問題として取り上げられるなかで、「国の権限を強化して規制で国民を縛る」という側面ばかりが強調された。環境保護にとっては、不幸な歴史である。

米国科学振興協会の大会で、講演を終えたマクライト教授にインタビューした。マクライト教授は「環境保護が政治的な問題になった結果、地球温暖化を疑うことは、共和党支持者であることを示すリトマス試験紙になった」と指摘した。その言葉から、「地球温暖化問題は、もはや科学の問題ではない」ということを実感した。

科学への不信を募らせる、キリスト教保守「福音派」

ゴーチャット博士の論文で、科学への不信を募らせる人たちに共通する特徴は、保守的な政治信条のほかにもう一つあった。それは教会に行く頻度だった。教会にひんぱんに行く人ほど、科学への信頼が低下していたのだ。

宗教のなかでも、「福音派（エバンジェリカル）」と呼ばれるキリスト教のグループが特に科学をよく思っていない。彼らは、神が人類を創造したとする「創造論」を信じ、進化論を認めない傾向がある。聖書の記述を重視し、伝統を重んじる保守派グループといえる。米国で人口の約25％を占める、最大の宗教勢力だ。

進化論への反対に加えて生殖医療の発展も、福音派の人たちが科学への不信を募らせる背景になっている。米国では1973年、連邦最高裁判所が人工妊娠中絶を認める判決を下した。1978年には、英国で体外受精による子どもが初めて生まれた。子どもの誕生に医療技術で介入することは、キリスト教の考え方に背くと、福音派の人たちは反発した。

福音派は科学だけでなく、同性婚を認めるなどのリベラルな社会改革にも反発する。こうした思いを社会で実現させるため、政治への関心を高めた。福音派が政治勢力としての存在感を示したのは、1980年の大統領選だ。福音派は共和党のロナルド・レーガン氏を支持し、当選を後押しした。共和党は人工妊娠中絶に反対する姿勢を強めるなど、福音派の思いを政策に反映させた。

宗教と政治の関係について詳しいベイラー大学（南部テキサス州）のトーマス・キッド教授（43）は私の電話インタビューでこう指摘した。

「福音派は、自分たちが共和党の支部のように見られることを好ましく思っていないようだが、二大政党のうち自分たちの思いを代弁してくれるのは共和党だという思いもある。1980年以降、福音派は共和党の支持基盤であり、彼らに受け入れられなければ、共和党の政治家として生き残れないのが現実だ」

民間の世論調査結果によると、2016年の大統領選では福音派の81％がトランプ氏に投票したとされる。

「人工妊娠中絶への反対、その一点です」

2016年8月、ワシントンから車で1時間ほどのバージニア州アッシュバーンで開かれたトランプ氏の集会を取材した時、宗教的な価値観が候補者選びの重要な基準になっている

写真2・6　USAのTシャツを着るスウィスコスキーさん。派手に見えるが、トランプ氏の集会では普通の服装だ（2016年8月、バージニア州アッシュバーン）

ことを実感した。

集会に来ていたトランプ氏の女性支持者たちに、初の女性大統領として期待されるヒラリー・クリントン氏ではなくなぜトランプ氏を支持するのか、聞いた。インタビューに応じてくれた看護師のメアリー・ルー・スウィスコスキーさん（51）（写真2・6）は、はっきりした口調で答えた。

「私にとって重要なのは人工妊娠中絶への反対です。ヒラリーが訴える、男女の賃金格差の解消や、有給の育児休暇の制度化など女性政策の改善を私も期待したいが、人工妊娠中絶を認めるという、その一点で私はヒラリーを応援できない。だから共和党の候補であるトランプを支持しているのです」

トランプ氏は大統領選で「人工妊娠中絶をした女性は罰せられるべきだ」といった過激な発言をして、人工妊娠中絶に反対する福音派にアピールしていた。中絶反対の姿勢は「Pro-Life（命を支持する）」と呼ばれる。一方、クリントン氏は産むか産まないか女性には選ぶ権利がある、という人工妊娠中絶容認の姿勢を示していた。こちらは「Pro-Choice（選択を支持する）」と呼ばれる。

ちなみに女性の社会進出が一般的な米国でも、男女間で賃金の格差があり、有給の育児休暇制度が国レベルで導入されずに個別の企業任せになっているなど、女性が働きやすい社会にはまだほど遠い。

福音派と産業界の〝政略結婚〟

伝統を守り宗教的な価値を大事にする福音派の人たちは、意外なところに同志を見つけることになる。同じように、「科学から攻撃されている」と感じていた産業界だ。宗教的な価値を重んじる人たちと、自由な産業活動を脅かす規制を嫌う人たちが、期せずして「反科学」という旗印で結び付いたのだ。そして、共和党の支持基盤を形作ることになった。

科学と社会の関係に詳しいジャーナリストのショーン・オットー氏はこう表現する。「福音派と産業界との政略結婚」（図２・４、１０４ページ）

福音派の人たちが保守的な政治勢力になったことは、彼らの環境規制に対する考え方に、はっきりと表れている。福音派の人たちは進化論に反発するのと同じくらい、環境規制を嫌

図2・4　福音派と産業界の政略結婚

っている（図2・5）。政治に深くかかわるようになった結果、環境規制を嫌う共和党の価値観が、自らの宗教的な考えと同じくらい深く、そしてしっかりと彼らの心に根付くことになったのかもしれない。

進化論と環境規制という一見かかわりがなさそうな二つのことを結び付けているのは、この政略結婚にほかならない。

宗教大国アメリカ

米国で宗教が大きな役割を果たしていることを示すデータはほかにもある。

全米科学財団は2016年、「私たちは科学に頼りすぎていて信仰が十分ではない」との考えに同意するかどうかを聞いた国際調査

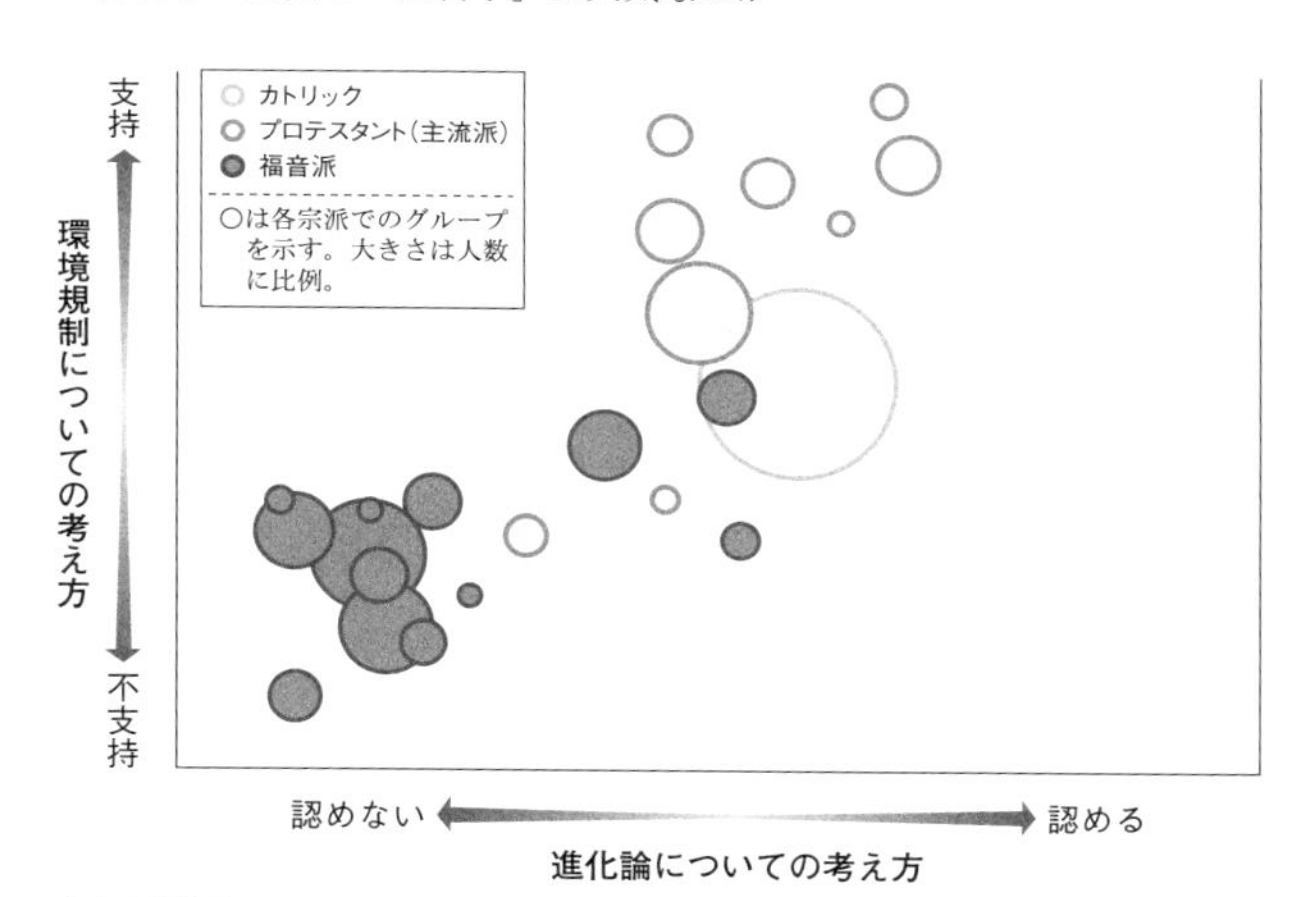

全米理科教育センターの資料をもとに作成

図２・５　進化論に反発する福音派は環境規制も嫌い

の結果を発表した。米国では50・４％とほぼ半数が同意し、ほかの先進国と比べて信仰に重きを置く傾向が確認できた。

米国民のほぼ半数が、科学の発展よりも信仰を取り戻すべきだと考えているというのは少し、驚きだ。「科学に頼りすぎていて信仰が十分ではない」と考える人の割合が主要国のなかで最も少なかったのはスウェーデンで19・６％だった。日本は29・９％だった（図２・６、１０６ページ）。

アメリカは宗教大国である。

米国の民間調査機関「ピュー・リサーチ・センター」が２０１５年に発表したデータは、宗教大国アメリカを明確に示している。「宗教が人生で非常に重要な役割を果たしている

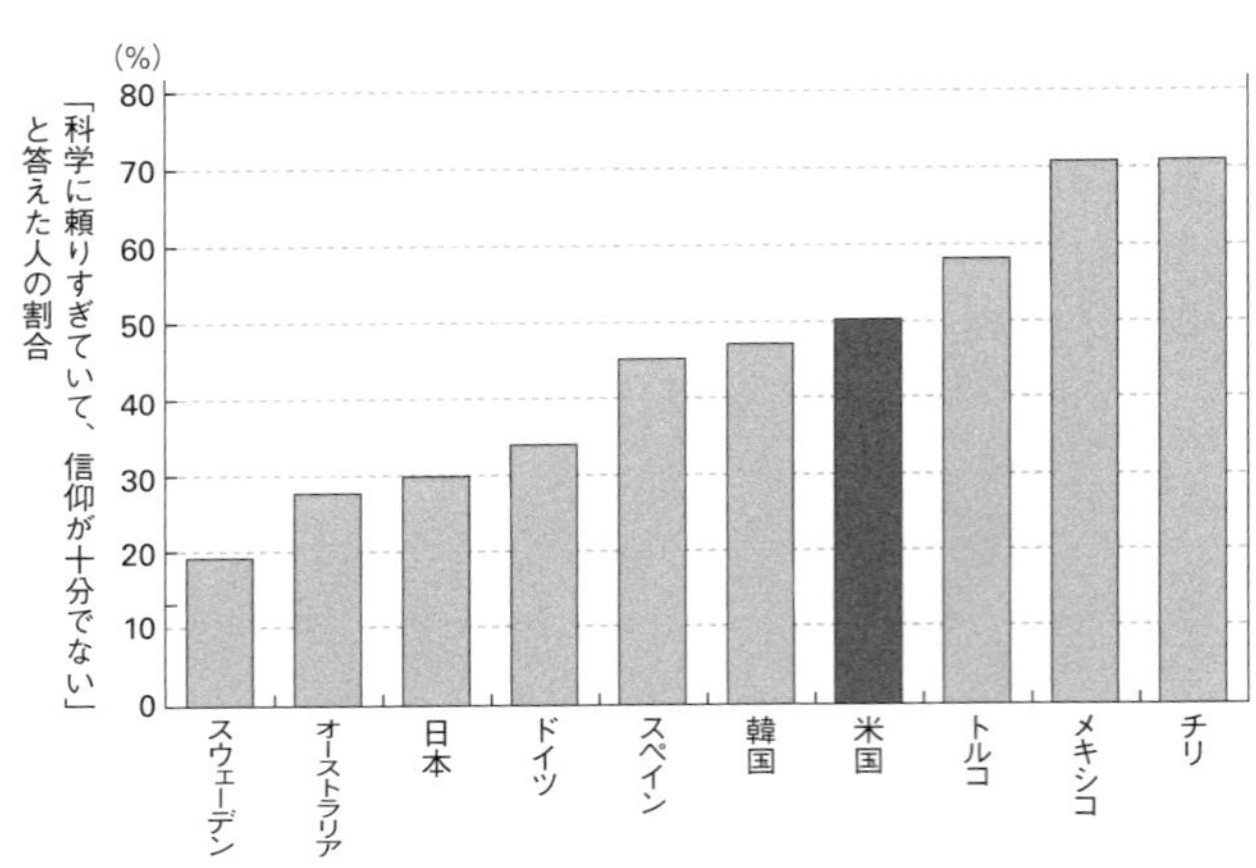

全米科学財団の資料をもとに作成

図2・6　科学と信仰、どちらに頼るのか？

か」という質問を世界40か国の国民にして、その結果を比較した。

アフリカやアジアの一部で宗教を重要視する回答が多かった。最も高い割合だったのはエチオピアで98％だった。最も低い割合だったのは中国で3％だった。日本は中国についで低く11％だった。米国は53％とほぼ中間だった。

さらに、1人当たりの国内総生産（GDP）とあわせて国ごとに分析したところ、経済が豊かになるにつれ、宗教に頼らなくなっていく傾向が確認できた。しかし、例外として際立つのが米国だ（図2・7）。世界トップレベルの豊かさにもかかわらず、宗教を重んじる人が多い。英国（21％）やドイツ（21％）、

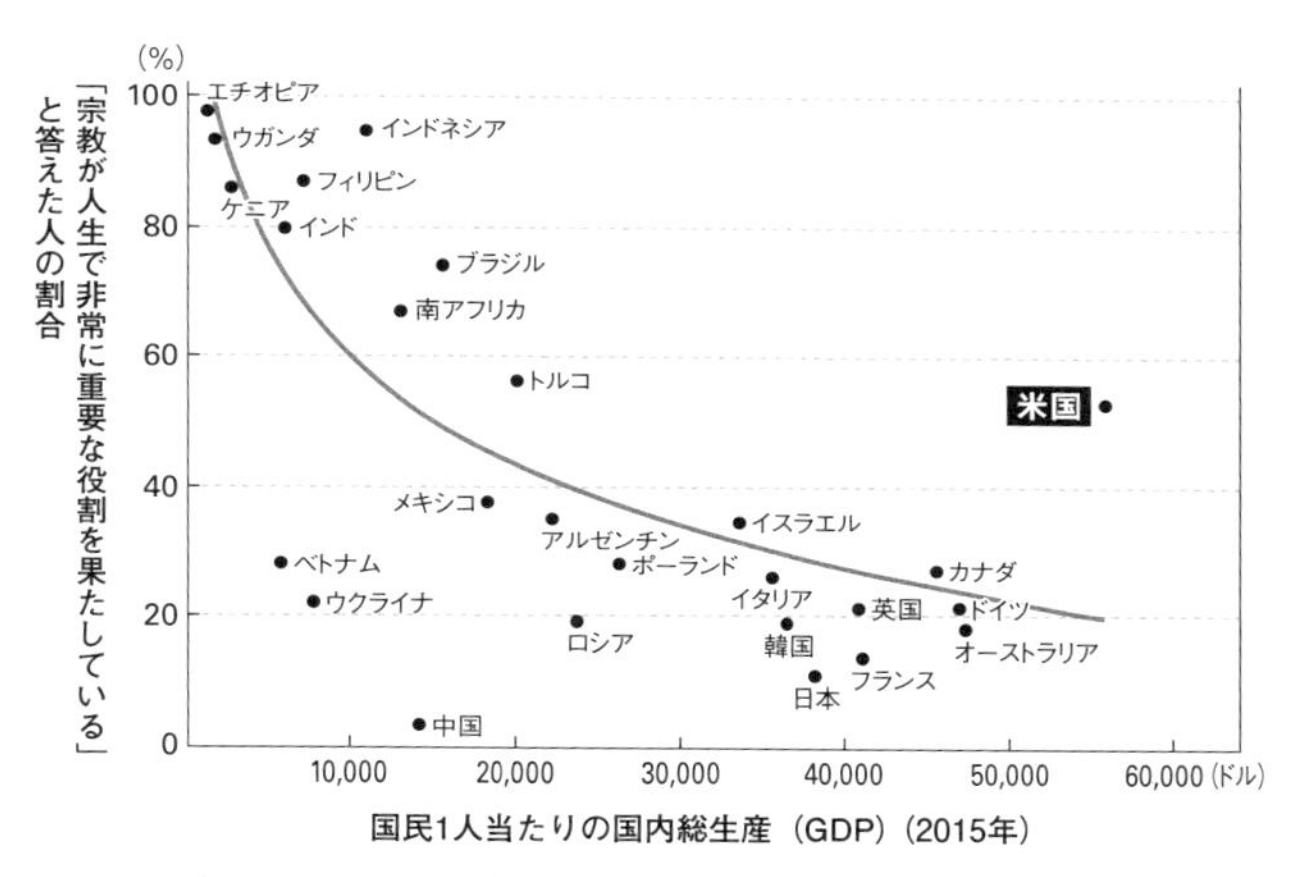

ピュー・リサーチ・センターの資料をもとに作成

図２・７　米国は経済が豊かでも、宗教を重んじている

フランス（14％）などの西欧諸国と比べても、米国の篤い信仰は際立っている。

米国では、こうした信仰心が規制を嫌う産業界の利害と重なり、科学に対する不信の底流となっているように思える。それが、科学大国でありながら反科学が際立つという別の顔を作り、トランプ大統領を生み出す要因の一つになったのだろう。

２・２　トランプ政権の誕生と科学

「並行宇宙（パラレル・ユニバース）」

トランプ氏は大統領就任後も、事実とは異なることを平然と言い続けている。

自分が望む「もう一つの事実」を次々と示し、支持者にアピールするトランプ政権の姿勢を、米紙ワシントン・ポストのコラムニストは２０１７年４月11日付の記事でこう表現した。「トランプ政権は、もう一つの事実を提示することで、並行宇宙（パラレル・ユニバース）を作り出している」

トランプ政権が事実を軽んじる姿勢の一例として、ここでは、「もう一つの事実」という象徴的な言葉が飛び出した、大統領就任式の観客数を巡る対応を見てみよう。

政治経験のない異端の大統領誕生とあって、注目を集めた２０１７年１月20日の就任式だが、実際の観客は少なかった。ワシントン・ポストによると、就任式当日のワシントン周辺での地下鉄利用者は延べ約57万人で、オバマ氏の１期目の就任式があった２００９年の延べ約１１０万人の半分ほどだった。就任式の会場の写真を見ても、トランプ氏の就任式の参加者が少ないことがはっきりわかる（写真２・７）。オバマ氏の１期目就任式の１８０万人を大きく下回ったとみられる。

観客の少なさを報じるメディアに対し、トランプ氏は「メディアは、人がいないところを写している」などと主張し、自らの不人気を打ち消した。ホワイトハウスの報道官は「これまでの就任式で最大の観客だった」と記者会見で話した。人数の公式発表はなく、「最大の

写真２・７　2009 年のオバマ氏の１期目の就任式の写真（右）と、2017 年のトランプ氏の就任式の写真（左）を見比べると、トランプ氏の就任式の観客の少なさは一目瞭然だ。奥に見えるのが、就任式が行われた連邦議会議事堂。写真提供：ロイター＝共同

観客」という明確な根拠は示されなかった。

こうした主張について、テレビのインタビュー番組で問いただされたトランプ政権幹部のケリーアン・コンウェイ大統領顧問は言った。

「報道に対する『もう一つの事実（alternative facts）』を提示した」

政権発足から２日後の２０１７年１月22日のことだった。このインタビューは米国で人気が高い日曜日午前中の政治討論番組で放送され、私もたまたまテレビで見ていたが、「alternative facts」って何だ？　と不思議な感覚を味わったのをよく覚えている。この言葉は、トランプ政権が事実を軽んじる姿勢の象徴として、定着することになった。

一方、いかに一部のメディアから批判されよ

うとも、トランプ政権が「もう一つの事実」を伝えることに成功しているのも事実だ。写真2・7のような就任式の様子を見せて、どちらがトランプ氏の就任式かを聞いたワシントン・ポストの調査では、トランプ氏に投票したと答えた人の約4割が、観客の多いオバマ氏の就任式をトランプ氏のものだと回答した。

トランプ氏の発言のウソ・ホントを調べているワシントン・ポストによると、就任後1年間でトランプ氏の事実誤認の発言は計2140個に上った。1日平均で約5・9個になる。事実誤認の発言で目立つのは、自身の成果を誇張する発言だ。例えば、トランプ政権が2017年12月に実現させた大型減税について「米国史上で最大の減税だ」と57回も繰り返した。しかし、米財務省のデータによると、「最大」ではなく「過去8番目」なのだという。

「何もかも政治的なレンズでゆがめられる」

トランプ大統領は科学にかかわることでも、「もう一つの事実」を主張しているのだろうか。答えは残念ながら、「YES」だ。

ここでは、地球温暖化に関する発言を見てみよう。

2018年11月、米航空宇宙局（NASA）など連邦政府の13省庁は「温室効果ガスを減らす国際的な努力がなければ、気候変動は米国の公共施設などに深刻な被害をもたらし、経済成長を阻害する」とする報告書を発表した。地球温暖化対策に消極的なトランプ政権に対し、被害軽減に向けての十分な対策を求める内容だった。

しかし、報告書の感想を報道陣から問われたトランプ大統領は言った。

「私は信じない（I don't believe it.）」

大統領が自らの政府が出した報告書を全面否定する――。不思議な世界なのだ。

ホワイトハウスのサンダース報道官は記者会見でトランプ大統領の姿勢を問われ、「気候変動の予測は極めて複雑な科学で、これまで正確だったことはない」と温暖化の科学を疑った。大統領をかばい、政府報告書にはやはり否定的だった。

ここで、ちょっと「地球温暖化」と「気候変動」という言葉について説明しておきたい。「地球温暖化」が進むと地球の平均気温が上昇するだけでなく、台風が激しさを増すなど気候全体が変動する可能性が指摘されている。そうした点に注目する表現として「気候変動」という言葉が使われる。どちらの言葉も、指している現象はほぼ同じだ。

さて、たしかに気候変動の科学は複雑だし、将来の気温上昇の予測が完全に正しいとはいえないだろう。しかし、科学者は、対策を取らなければならないほど気候変動の危険は高まっていると結論付けている。「完璧ではない」と切り捨てるのは、対策を先送りにする言い訳でしかないだろう。

米CNNテレビのコメンテーターはトランプ政権の姿勢をこう表現した。

「ホワイトハウスのなかでは今や、何もかもが政治的なレンズでゆがめられており、それは科学的な報告書も例外ではない」

地球温暖化を疑う大統領の姿勢は、環境行政を担う米環境保護局（EPA）の現場に影響を与えていた。EPAの地方職員が作る労働組合で広報担当を務めるフェリシア・チェイスさん（41）（写真2・8）は2018年10月、インタビューする私にこう打ち明けてくれた。

写真2・8　EPA職員のチェイスさん（2018年10月、シカゴ）

「トランプ政権になり気候変動という言葉を使いにくくなった。EPAの組織をどう変えようとしているのか、仲間に不安が広がっている。そんな不安があると日々の仕事に取り組む意欲がそがれてしまうが、なんとか頑張っている」

写真２・９　トランプ政権の科学政策に危機感を覚えた科学者らが集結してデモ行進した（2017年４月、ワシントン）

「科学のための行進」

実験や観察、模擬計算といった手段を尽くして事実に迫ろうとする科学者にとって、あからさまに事実を軽視するトランプ大統領の登場は驚きだった。

危機感を募らせた科学者らは２０１７年４月、首都ワシントンをはじめ世界約６００都市で「科学のための行進（March for Science）」を行った。メイン会場となったワシントンはあいにくの小雨交じりの天気となったが、全米各地から大勢の科学者らが集結した（写真２・９）。主催者の見積りでは約10万人が集まったという。参加者が思いを込めた手作りのプラカードの文言には次のような言葉があった。

Stand Up for Science.（科学のために立ち上がれ）
Evidence Not Ideology.（イデオロギーではなく証拠を）
Keep America Factual.（事実に基づくアメリカを）
参加者にインタビューすると、みんな気軽に応じてくれた。
「がんやアルツハイマーの治療には基礎的な研究が不可欠で、その大切さを訴えたかった」
（南部フロリダ州から来た研究者）
「主義主張ではなくデータに基づく政策の重要性を訴えたかった」（中西部イリノイ州から来た大学院生）
トランプ政権は発足から3か月の間に、科学予算の削減方針を示し、地球温暖化を疑う姿勢を明確にした。デモ行進が行われた4月、米国社会には「これからどうなるのか」という緊張感が広がり、科学者の政権に対する危機感も高まっていた。そうした思いが、ふだんは政治と距離を置く科学者をデモ行進に駆り出したのだろう。
「科学大国」である米国の首都ワシントンで、大勢の科学者が「このままではアメリカの科学がダメになってしまう」という不安を胸に、「Science Not Silence.（科学は黙っていない）」などと叫びながら、練り歩いていた。トランプ政権の発足前には、デモ行進をする科学者の

写真２・10　雨に濡れながらデモ行進する科学者ら。科学をテーマにした大規模なデモ行進は異例のことだった

取材をするとは思いもしなかった。雨に濡れながら行進する科学者の人波（写真２・10）を見て、科学を軽視するトランプ政権の異質さを改めて感じた。

デモが二極化を加速させる？

ただ、「デモ行進をすれば物事がうまく進むのか」というと、そう単純でもない。自分たちの思いを主張すればするほど、相手の態度がかたくなになることもある。

主催者はデモ行進の趣旨を「科学の重要性を訴えるもので政治的な活動ではない」と繰り返し訴えていた。しかし、参加者は「科学の予算を削ればアメリカの将来はない」「『もう一つの事実』ではなく『科学』を」などと訴え、トランプ政権の科学軽視の姿勢を批判していた。

政治色がないというのは、建前に過ぎない。メリーランド大学（北東部メリーランド州）の研究者がデモ行進の参加者に政治信条をアンケート調査した結果、「保守」と答えた人はわずか5％だった。「リベラル」と答えた人が83％に上った。

データは少し古いが、民間調査機関「ピュー・リサーチ・センター」が科学者と一般市民の支持政党を比較した2009年のデータは、科学者が極端に民主党寄りであることを示している。科学者の支持政党を調べると、共和党支持者は全体のわずか6％にとどまった。民主党支持者が55％と全体の過半数を占め、32％は「支持政党なし」だった。一般市民のデータを見ると共和党支持者は全体の23％、民主党支持者が35％、支持政党なしが34％だった（図2・8）。

科学者が民主党寄りになるなか、デモ行進に参加しなかった知り合いの研究者は、半ばあきらめ顔で話した。「行進に参加して声を上げても二極化を進めるだけではないか」

ピュー・リサーチ・センターがデモ行進の翌月に発表した世論調査結果も二極化の現実を裏付ける（図2・9）。

「デモ行進の結果、政治家は科学者のアドバイスを聞くようになる」と答えた人の割合は、

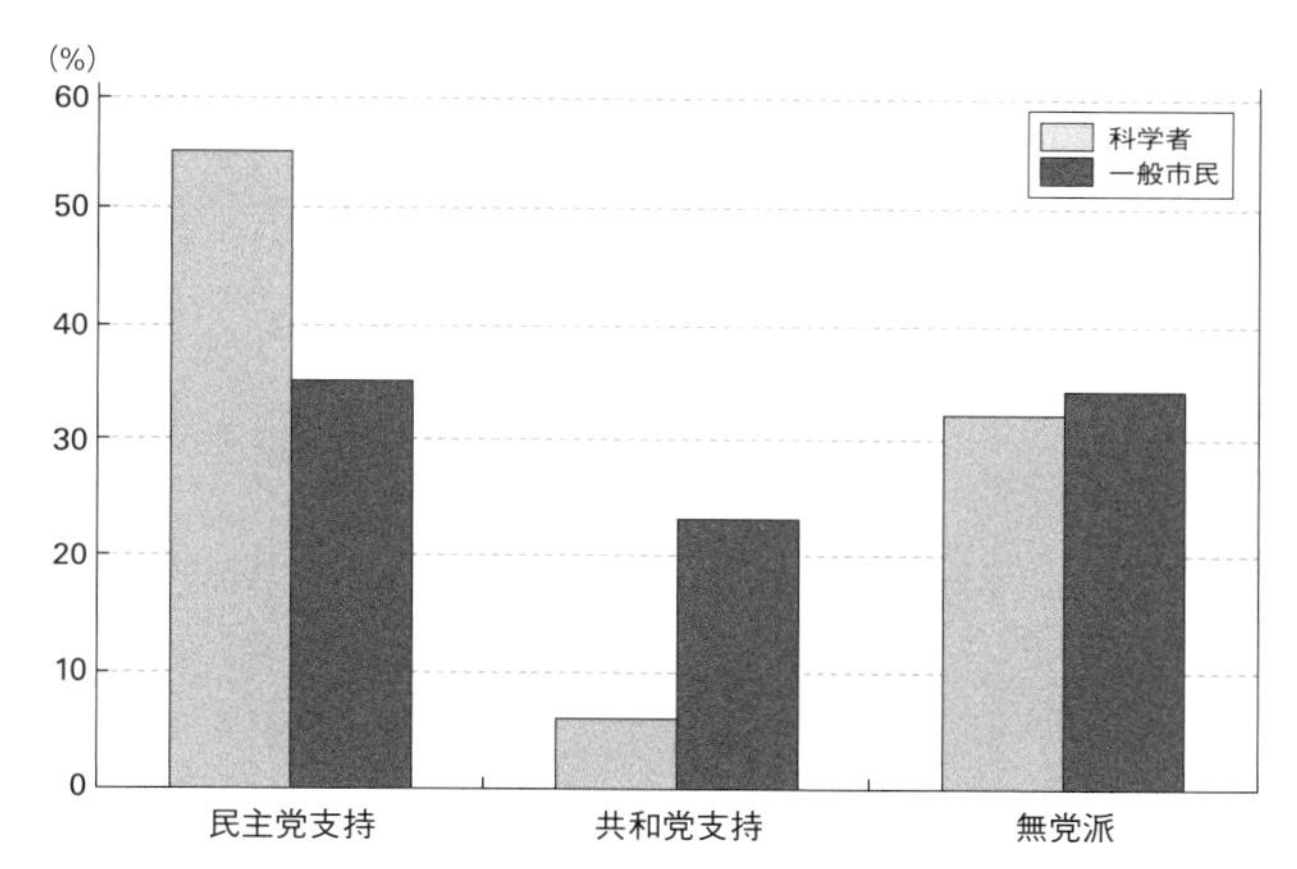

ピュー・リサーチ・センターの資料をもとに作成
図２・８　科学者の民主党支持率は高い

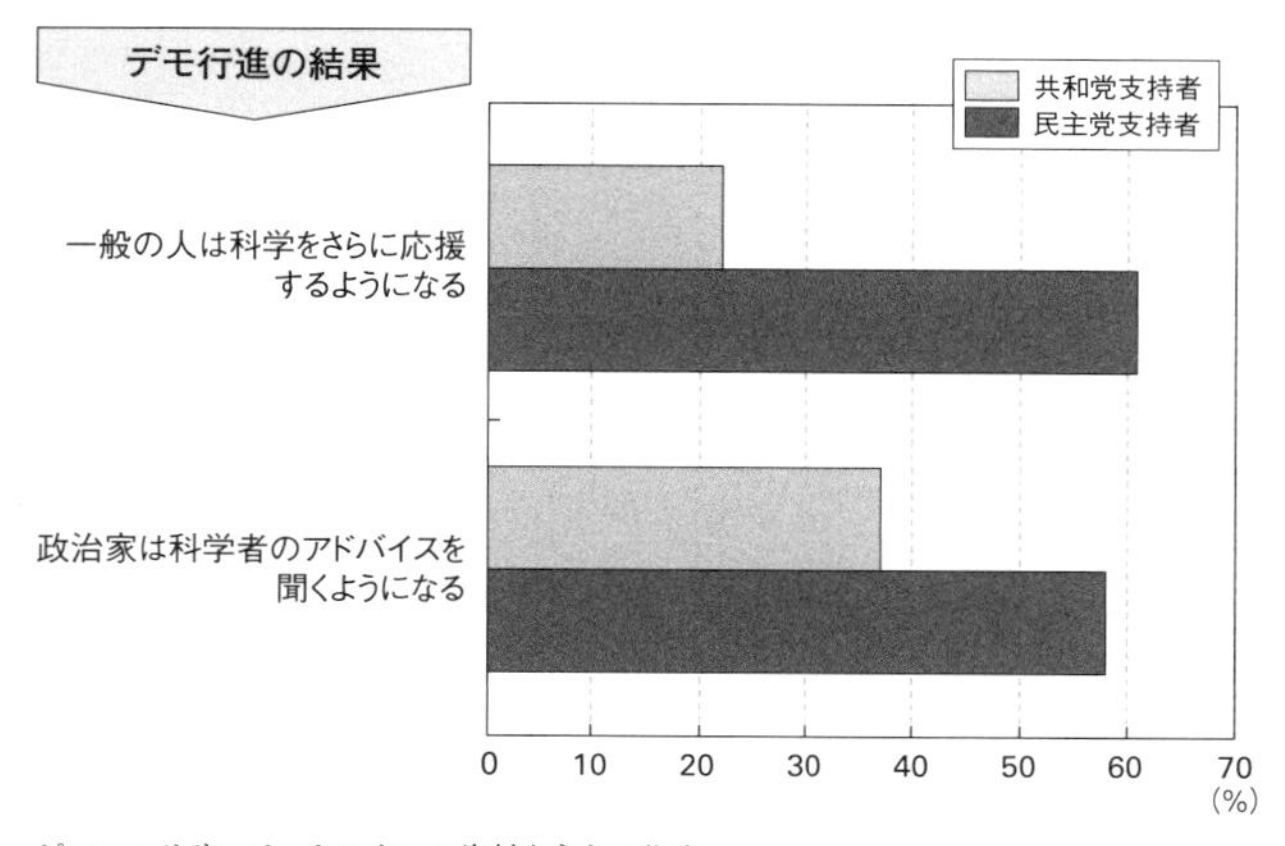

ピュー・リサーチ・センターの資料をもとに作成
図２・９　割れるデモ行進の評価

全体ではほぼ半数の49％だった。支持政党別に見ると、民主党支持者では58％だったが、共和党支持者では37％にとどまった。「デモ行進の結果、一般の人は科学をさらに応援するようになる」との回答は全体で44％。民主党支持者では61％、共和党支持者では22％と大きな差が出た。

このように二極化した状況では、デモ行進をしても、理解を広げる効果は限定的なのかもしれない。

科学と社会の溝を埋める試み

2018年4月の2年目のデモ行進も、ワシントンで取材した。参加者は大幅に減少し、前年のような熱気はなかった。参加した科学者は「2年目になって人数が減っても、続けることが大事」などと話していた。

一方、2017年のデモ行進をきっかけに知り合った科学者らが各地で非営利団体を作り、科学を伝える活動を始めていた。科学者の活動が年に一度のデモ行進から、より継続的な活動へと発展しているようだった。

中西部インディアナ州インディアナポリスでは、気軽な雰囲気で最先端の科学を語り合う

写真2・11　ビールを飲みながら、気軽な雰囲気で科学を語り合った交流会（2018年1月、インディアナ州インディアナポリス）

交流会が2017年8月から毎月1回開かれていた。1年目のデモ行進をインディアナポリスで企画した有志の科学者らが主催する。2018年1月30日、その交流会に参加してみた。

この日は午後6時過ぎから、ビアレストランで会社員や主婦ら約100人が仮想現実（VR）の課題について話し合っていた（写真2・11）。「VRは人類の想像力をどう変えるか」「教育への影響は」といった疑問に、地元の研究者が「どのような技術も使い方が大事」などと答えていた。アッと驚くようなやりとりはなかったが、まずは交流することが大事なのだろう。参加した50歳代の女性は「図書館ではなくビールを飲みながらで、気軽に話ができた」と感想を話した。

交流会を企画したのは、地元で製薬会社に勤めるルーファス・コクランさん（29）だ（写真2・12、120ページ)。コクランさんは活動のきっかけをこう話してくれた。

「インディアナポリスのような中規模の都市でも、2017年のデモ行進には1万人が参加した。デモ行進を計画した当初は数百人くらいと予想していたが、参加者の多さに驚いた。それだけ思いを訴えたい科学者、そして科学を大事に思っている一般の人がいるということに私たちは気付いた」

写真2・12　交流会を企画したコクランさん

科学を伝えたい研究者と、科学を気にする一般の人とを結び付けるための活動が、ビアレストランの交流会だ。

コクランさんは「科学は抽象的で身近に感じられないが、研究者と直接話し、気軽にビールを一緒に飲むことで、科学をより身近に感じるきっかけにできる。日々の生活がいかに科学に支えられているか、それをわかってもらえたらうれしい」と話した。これまでに脳科学や薬学、宇宙開発などのテーマで交流会を開いている。

もちろん、ビアレストランで科学を語るだけで、米国に広がる科学不信を克服できるわけではないだろう。そもそもビアレストランに話を聞きに来る人たちは、科学に関心がある人たちに限られる。とはいえ、科学的な考え方を広める一歩にはなるだろう。手探りとはいえ、アメリカでも科学と社会の溝を埋める試みが進められていることを実感した。科学を伝える活動は第４章で改めて紹介したい。

「黙っていられない」――科学者の政界進出

トランプ政権の誕生は意外にも、科学者の政治意識を高めることにつながった。

米国では、４年ごとに実施される大統領選の中間の年に、上下両院の議員、州知事、地方議員などを一斉に決める選挙が行われる。大統領選の中間の年なので、文字通り「中間選挙」と呼ばれている。

２０１８年の中間選挙は、トランプ大統領の政策の是非を問う意味合いが強く注目を集めたが、科学記者の私にとっても興味深いものだった。トランプ政権に危機感を持つ科学者たちが「黙っていられない」とばかりに立候補しはじめたのだ。

投票日を半月後に控えた２０１８年10月22日、中西部イリノイ州シカゴ郊外の選挙区から下院に立候補した民主党のショーン・キャステン氏（46）の選挙運動（写真２・13、１２２ページ）を取材するため、現地を訪れた。

初めての選挙に挑むキャステン氏は大学院で化学を学び、クリーンエネルギーに関する企業を経営してきた。これまで政治にかかわってこなかった理系候補だ。

写真２・13　支持者と握手するキャステン氏（右）（2018年10月、シカゴ郊外）

立候補のきっかけはトランプ大統領の当選だった。経営していた会社を２０１６年９月に売ったキャステン氏が人生の次のステップについて考えていた、まさにその時、トランプ氏が当選した。２０１６年11月のことだ。

「私は人生を通じて気候変動問題に取り組もうと思い、クリーンエネルギーに関連した会社も経営してきた。トランプ氏が科学を無視し、事実よりも政治的な打算を優先しようとしている姿勢を見て、私は、政治家という立場から気候変動に取り組みたいと思った。世の中を変えたかった」

立候補にかけた思いをそう語った。

キャステン氏は選挙戦で、「トランプ政権は科学や事実に反する政策を行っている。政治的な打算ではなく事実を重視しなければならない」と訴えていた。

取材に行った日は、この選挙区で期日前投票が始まった日だった。キャステン氏は支持者ら約100人とともに投票所まで行進し、いち早く投票を済ませていた。米国人は、行進が好きなのだと思う。

行進していた支持者に話を聞くと、こう答えてくれた。

「政治家が理系出身である必要はないと思うけど、科学や事実を尊重する人であるべきだ」

「今の政治は科学を無視している。科学を無視しない議員が必要だ」

トランプ大統領の存在が、科学の重要性を気付かせるきっかけになったのだとしたら、皮肉な話だ。

理系候補のキャステン氏は選挙戦をどう受け止めているのか、聞いてみた。キャステン氏は理路整然と話した。「科学の世界では、事実に基づいて判断するのは当たり前のことだ。だが、政治の世界では必ずしもそうでない。私が事実に基づく政治を訴えると、私の主張は有権者の心に新鮮に響いているようだ。そんな反応から、今の政治がいかに事実に基づかないのかを実感し、悲しい気分になる」

キャステン氏が立候補した選挙区は1973年から共和党が議席を占めてきた。現職のピーター・ロスカン氏（57）は7選を目指して立候補したが、キャステン氏が僅差で勝利した。民主党の勝利はほぼ半世紀ぶりだった。背景には、シカゴ中心部からリベラルな住民が流入し、かつては強固だった共和党の支持基盤が揺らいでいたことがあるとされる。そうした有権者に、キャステン氏の訴えが響いた。

２０１８年の中間選挙では、キャステン氏のような理系候補者が急増した。円周率にちなんだ名前の非営利団体「３１４アクション」は、政治の素人である科学者らに資金の集め方や演説の仕方などの選挙運動を指南してきた。

代表のショナシー・ノートンさん（38）（写真2・14）は「気候変動など科学的な問題も政治の影響を受ける。科学者の声をもっと政治に届けたい」と活動の趣旨を語る。ノートンさん自身も大学で化学を学んだ理系出身で、２０１４年と16年に下院議員に立候補して落選した経験を持つ。選挙活動で自らが学んだ経験を、ほかの理系候補に伝えるために２０１６年夏にこの団体を作った

写真2・14　理系候補の選挙運動を支援するノートンさん（2017年4月、ワシントン）

という。その後、トランプ大統領が誕生し「活動は急に忙しくなった」と私のインタビューに答えてくれた。

この団体によると、２０１８年の中間選挙に立候補した理系候補者は州議会など地方レベルも含めると３００人を超え、過去最高を記録した。

３１４アクションは、国レベルの上院・下院議員の候補者20人の支持を表明し、選挙の結果、16人が当選を果たした。ただ、この16人はすべて民主党議員だ。本来は政治的に中立なはずの科学者も、二極化が進む米国社会の分断にさらされている。

コラム　ＵＦＯに感じる米国の多様性

米国はつくづく多様で不思議な国だと思う。「地球外知的生命」に関連した取材をした時、そう実感した。地球外知的生命とは、地球以外の宇宙のどこかにいるとみられる、私たちのような文明を持つ生命のことをいう。まだ存在は確認されていない。「未確認飛行物体（ＵＦＯ）」は、「彼らが地球にやってくる時の乗り物」ということになっている。

米国には、ＵＦＯをテーマにした博物館がある。砂漠が広がる南西部ニューメキシコ州の小さな街ロズウェルにある「国際ＵＦＯ博物館」だ。１９４７年に起きた「ロズウェル事件」を紹介している。

〈ロズウェル近郊で１９４７年に見つかった物体はＵＦＯの残骸であり、軍部が宇宙人の死体を回収しながらも隠している〉

写真2・15　目撃証言をもとに作られたという宇宙人の人形を展示している国際UFO博物館（2017年7月、ニューメキシコ州ロズウェル）

これがロズウェル事件の概要とされる。事件から70周年となった2017年、国際UFO博物館に行ってみた。博物館はこの説を支持する当時の関係者の証言や、証言に基づいて作ったという宇宙人の人形などを展示していた（写真2・15）。世界各地のUFO目撃情報も数多く紹介されていた。

国際UFO博物館は1992年にオープンした。その後、米空軍は1994年、ロズウェル事件について「UFOの残骸とされたのは、空軍が実験で使っていた気球などの破片だ。この実験は、旧ソ連の核実験を監視するために極秘で行われていた」とする報告書を出し、ＵＦＯ説を公式に否定した。

しかし、ＵＦＯ人気は続く。人口約５万人のロズウェルの街で、国際ＵＦＯ博物館は年間約20万人が訪れる人気スポットだ。２０１５年の民間世論調査では米国人の56％がＵＦＯの存在を信じており、45％は地球外生命がすでに地球に来ていると答えている。

国際ＵＦＯ博物館のジム・ヒル事務局長（66）はＵＦＯ人気の背景をこう説明した。

「アメリカ人はもともと政府への不信感が強い。だから、いくら政府がＵＦＯの存在を否定しても、ＵＦＯ人気は衰えない。事件の情報を伝えるのが我々の役目だ」

博物館に来ていた人に話を聞いてみた。ＵＦＯを強く信じる西海岸ワシントン州の男性（69）は「自分もＵＦＯを見たことがある。ロズウェル事件は本当に起きたことだ」と話し、半信半疑の東部ペンシルベニア州の女性（19）は「宇宙人が来ているとしたら面白いと思うし、もっと調べたいと思ってきた」

と話していた。「興味を引いて金儲けを狙っているだけ」という冷めた10代後半の青年もいたが、熱心に展示を見て回る人が多かった。

ロズウェルの街には宇宙人の顔をかたどった街灯があり、宇宙人を描いたTシャツやマグカップなどを売る土産物店も並んでいた（写真2・16）。街全体が、宇宙人のテーマパークのようだった。

写真2・16　国際UFO博物館（右下）のまわりには、宇宙人の顔をかたどった街灯（左下）があり、宇宙人グッズを売る土産物店（上）が並んでいた

「宇宙人が地球に来ている」と私は思わないが、「宇宙のどこかに私たち以外の生き物がいるかもしれない」とは思う。米国では、地球外知的生命を探す真面目な研究も行われている。

地球外知的生命探しで中心的な役割を担ってきたのは、1984年に設立された民間研究団体「地球外知的生命探査（SETI）協会」（カリフォルニア州）だ。シリコンバレーの一角にある研究所を2016年に取材で訪れた。

写真2・17　地球外知的生命探しを続けるショスタックさん（2016年5月、カリフォルニア州シリコンバレー）

地球外知的生命を20年以上にわたって探し続けているセス・ショスタック上級研究員（72）（写真2・17）は、宇宙人の来訪について「米国だけを選んで来るのでなければ、世界中の政府が隠していることになる。秘密を保てるとは思えない」と明快に否定した。

一方で「宇宙には約2兆個の銀河が

あり、各銀河に約1兆個の惑星があるとされる。地球外の知的生命はどこかにいるはずだ」と話してくれた。

地球外の知的生命なんて、どうやって探すのか。

太陽系内であれば無人探査機で探しに行けるかもしれないが、太陽系内に私たちのほかに知的生命が存在する可能性は低い。太陽系の外まで実際に調べに行くのは難しい。遠すぎる。だから、探査機で実際に行って探すのではなく、宇宙からやってくる電波を調べている。

自然の天体現象では説明できない電波があったら、地球外の知的生命が発信した電波かもしれない。その電波に何かのメッセージが込められている可能性もある。

ＳＥＴＩ協会などは２００７年、地球外知的生命が発する信号をとらえるための電波望遠鏡をカリフォルニア州北部に設置した。地球外知的生命の存在を明らかにするかもしれない現場を見たくて、そこにも行ってみた。

サンフランシスコから飛行機でレディングという最寄りの街に向かい、さらにレンタカーを１時間半ほど運転し、望遠鏡が設置されているハットクリーク

写真2・18　SETI協会などが設置した電波望遠鏡（2016年5月、カリフォルニア州ハットクリーク）

に着いた。訪れた山の中の草地には、直径6メートルのアンテナが42基、林立していた（写真2・18）。一つの大きなアンテナを作るよりも、複数のアンテナのデータを合わせることで、わずかな信号でも観測できる望遠鏡になるのだという。

　望遠鏡はすべて遠隔で制御されていた。現地には事務所を管理する女性が一人いた。ほかには、芝を整えるブルドーザーが走っているだけだった。カリフォルニアの抜けるような青空の下、今ここで、はるかかなたの宇宙にいる知的生命体が発した電波がとらえられているかもしれないと想像すると、なにかＳＦの世界に迷い込んだかのような錯覚を覚えた。

　ショスタックさんは「２０３０年までに地球外知的生命からの電波をとらえたい」と話していた。もしかしたら、地球外知的生命の発見は、「今日」かもしれないし、永遠にないかもしれない。それは誰にもわからない。

望遠鏡の設置費用は４０００万ドル（約44億円）。マイクロソフトの共同創設者ポール・アレン氏らから寄付を受けた。ＳＥＴＩ協会の地球外知的生命探しは現在も、民間からの寄付で続けられている。本当にいるのかどうかわからない地球外知的生命探しは、政府が研究費を出しにくい分野だ。米航空宇宙局（ＮＡＳＡ）は土星や木星の衛星、火星にいるかもしれない微生物などの探査には力を入れているが、知的生命探しとなると話は別だ。それでも、民間の寄付金でなんとか研究が続けられているというのが米国らしい。

世界中で、米国がいちばん熱心に地球外知的生命を探しているようだ。ショスタックさんはその理由をこう話した。

「フロンティアを求めるのが、米国人の心だからね」

私たちは宇宙で孤独な存在なのか——。政府見解を疑うＵＦＯ信奉者と、地道な研究を続ける科学者の共存に米国の多様性を感じた。

第3章

科学不信の現場

米国の科学不信の現場はいったい、どんな様子なのでしょうか。いよいよ、本書の舞台はその現場に移ります。

創造論の世界を再現したテーマパーク「創造博物館」（南部ケンタッキー州）では、進化論の考えが徹底的に否定され、「進化論は洗脳だ」とガイドが訴えていました。創造論を信じるのはもちろん個人の自由ですが、それを公立学校の理科教育に持ち込もうとする動きがあり、教育関係者は理科教育にふさわしくないと心配しています。

地球温暖化では、「まだ議論がある」と疑いを差し挟むことで対策を先送りにしようという戦略が、産業界から支援を受けたシンクタンクなどで進められています。たばこの健康被害の対策を遅らせようとした、たばこ会社と同じ戦略です。規制を嫌う政治的な考え方も、地球温暖化を疑う人たちを勢い付けています。私たちの心はだまされやすく、組織的な運動がそこにつけ込んでいるのです。

進化論を否定する人たちや、地球温暖化を疑う人たちはそれぞれ異なる思いを胸に、科学への不信を募らせていました。

◆　◆

３・１　創造論

創造博物館

米国滞在中にどうしても行きたいと思っていた「博物館」が二つあった。一つは首都ワシントンにある、スミソニアン国立航空宇宙博物館だ。ライト兄弟が人類で初めて飛行に成功したエンジン付きの飛行機が展示されているほか、アポロ計画の詳しい解説がある。ワシントン郊外の別館では引退したスペースシャトルを見ることができる。まさに米国の航空と宇宙の開発史を、本物を見ながら実感できる。

そして、もう一つの「博物館」は、南部ケンタッキー州にある「創造博物館（creation museum）」だ。博物館と名前は付くが、実際はちょっと違う。神が生物を創り出したとする「創造論」の世界を紹介するテーマパークのような施設だ。

そこに行って、進化論を認めない人たちに実際に会い、話を聞いてみたかった。米国では進化論を否定する人がいっぱいいるということはよく聞くが、にわかに実感できなくて自分の目と耳で確かめたかった。

この「博物館」は、キリスト教団体「アンサーズ・イン・ジェネシス」が２００７年にオープンさせたもので、10年間で３００万人以上が訪れたという。

「博物館」の入り口のドアを開けて中に入る時、未知の世界に出会えるような不思議と高揚した気分になった。真っ先に目に飛び込んできたのは、絶滅したゾウの仲間マストドンの化石（複製）だった（写真３・１）。迫力ある牙を持つマストドンは自然史博物館ではおなじみの展示で、ふと普通の博物館に来たような錯覚を覚えた。しかし、その解説を読んで違いに驚いた。そこにはこうあった。

「マストドンは現代のゾウに関連がある動物だ。すべてのゾウの仲間は、約６０００年前に神が創造したオリジナルのゾウの子孫である」

通常の博物館では、マストドンは数千万年前から約１万年前までの間に生きていたとされている。つまり、約６０００年前にはマストドンは絶滅していたはずで、解説を読みながら「違う世界」に来たことを実感した。「God created（神が創造した）」（写真３・２）という直球ど真ん中の表現を見て、「来て良かった」と思った。

先に進むと、まえがきでも紹介した、初期人類（猿人）の化石（複製）があった。この化石は、「ルーシー」という愛称で呼ばれる有名な猿人化石だ。約３２０万年前の化石とされる。当時の人類化石のほとんどが歯や手足の一部など断片的なのに対し、ルーシーは全身の骨がまとまって見つかった。猿人の姿を復元する時にはいつも活躍している。エチオピアで１９７４年に発掘され、大発見を祝う宴会のバックミュージックがビートルズの「ルーシー・

（上）写真３・１　創造博物館で真っ先に目に飛び込むマストドンの化石（複製）。迫力満点で自然史博物館ではおなじみの展示だが、その解説を読むと……（2017 年 7 月、ケンタッキー州ピーターズバーグ）

（下）写真３・２　マストドンの解説では、「God created（神が創造した）」（写真の中央付近）との記載があった

Mastodons and mammoths are related to modern elephants, and all of them appear to be descendants of the original elephant "kind" that God created around six thousand years ago. This mastodon lived during the Ice Age, which took place a few centuries after the Genesis Flood.

写真3・3　創造博物館のルーシーの復元像（右）はまさにサルだが、スミソニアン国立自然史博物館の復元像（左）は二本足で立ち、私たちの祖先として紹介されていた

イン・ザ・スカイ・ウィズ・ダイヤモンズ」だったことから、ルーシーと命名された。

現代科学を徹底的に否定する

さて、同じ化石をもとに作った復元像を、創造博物館とスミソニアン国立自然史博物館とで比べると違いが際立って面白い（写真3・3）。スミソニアンでは二本足で立ち、ホモ・サピエンスへの進化の途上にある「人類」として復元されていた。一方、創造博物館では、見るからに「サル」という感じだ。

恐竜も展示されていた。通常の博物館と異なるのは、恐竜のわきに人間がいて、時代を共有していることだ（写真3・4）。子どもたちに人気のティラノサウルスも展示されていた。その

写真３・４　創造博物館の展示では、人類（中央）と恐竜（左）が共存している。一人の少年が興味深そうに展示を眺めていた

年代は「紀元前２３４８年」とあった。

現代科学の定説によると、恐竜は約６６００万年前の白亜紀末に絶滅した。メキシコ・ユカタン半島沖に巨大隕石が落ち、環境がひどく変わったことが原因らしい。恐竜が絶滅した後、哺乳類が多様な進化を遂げ、７００万〜６００万年前に人類が誕生したとされている。恐竜と人類の年代は大きく異なる。

しかし、この施設の展示説明では、世界ができたのは約６０００年前ということになっていた。それが聖書に書かれたことなのだという。現代科学が示す、恐竜が絶滅した年代や人類が誕生した年代は受け入れられず、恐竜と人類が共存する結果になる。

「創造博物館」では、現代科学は徹底的に否定され、聖書の世界が再現されていた。

写真3・5　非宗教のメディアや教育（Secular Media & Education）にさらされると、聖書を信じる家族がサルのように「進化」してしまうことを紹介するスライド

「進化論は洗脳の結果」

施設のなかのホールをのぞいてみると、解説を担当するガイドが熱く訴えていた。
「進化論は聖書の教えに矛盾し、聖書への信頼を揺るがすものだ。害のあるウソだ。なぜ、多くの人が進化論を信じているのか。それは、彼らがそれしか聞かされていないからだ。彼らは洗脳されているのだ」

その口調は驚くほど、怒りに満ちていた。ホールのなかの人たちはうなずきながら聞いていて、「それはちょっと違うんじゃないですか」などと言える雰囲気ではなかった。

映し出されたスライド（写真3・5）では、宗教とかかわり合いのないメディアや教育にさらされると、聖書を信じる家族がサルのようになってしまうことを紹介していた。

進化論が洗脳の結果だとすれば、世界中でかなり、おおがかりな洗脳プロジェクトが進んでいることになる。ここの人たちは、世界中の多くの人がだまされて進化論を信じていると考えているのだろうか。展示責任者のティム・チェイフィーさん（43）（写真３・６）に疑問をぶつけてみた。

「進化論が誤りだとすれば、なぜ、世界中の理科教師が進化論を教えているのだろうか」

チェイフィーさんは自信たっぷりな口調で語りはじめた。

「科学という権威のもと、物事をそのように見るように訓練されているからだ。進化論は全く間違っているし、確実な証拠は何もない。しかし、特定の世界観のもとで化石を特別なやり方で並べて見せると、進化論が本当であるかのように思わせることができるんだ」

洗脳という言葉こそ使わなかったが、特定の偏った見方を植え付けられているという意味で考え方は同じだった。

写真３・６「進化論は全くの間違い」と話すチェイフィーさん。後ろにあるマストドンの化石（複製）の前では、家族連れが解説を熱心に読んでいた

そういう考え方では学校のテストに落第しないのだろうか。余計なお世話だろうが、心配になった。チェイフィーさんに聞いてみると、こんな返

事が戻ってきた。

「中学1年の時、理科の授業で出された地球誕生についてのテストで、『先生は約46億年前と教えたけれど、僕は約6000年前だと信じている』と答えた。先生は、それを間違いとはしなかった。私の信仰を認めてくれた」

中学生が自らの信仰をもとに、理科の授業で教えられることと違う主張をして、それが認められる――。宗教が深く根付くアメリカらしさを感じた。

ただ、チェイフィーさんにしても科学全般を否定しているわけではない。「科学は、世界がどんな仕組みでできているかを理解するための素晴らしい道具だ。過去に起こったことでも、例えば、DNAを分析して犯人を見極めるように力を発揮できる」

チェイフィーさんの受け答えは丁寧だし、キリスト教に基づく世界観と現代科学の見方が食い違うテーマを除けば、話していて違和感は全くなかった。あらゆる科学を否定しているわけではなく、信仰と科学が衝突した時に、信仰を優先しているだけだ。

とはいえ、聖書を文字通りに受け止める限り、ビッグバンから始まる約138億年の宇宙の歴史は否定されるし、現代の地球科学が導き出す約46億年前とされる地球の誕生も否定される。進化論だけでなく、多くの科学が否定される結果になる。

「神は約６０００年前に世界を創造した」とチェイフィーさんは言った。「聖書は、最初の日に光が生まれたと言っている。太陽や月が生まれたのは４日目だ。ある種の空間は最初の日に生まれ、６日間で私たちが見ている、すべてのものが創られたんだ」

ありがちな観光地の雰囲気ではない

この施設を訪れる人にとって、聖書の世界を再現する展示は魅力的なのだろう。

私が訪れたのは２０１７年７月下旬。夏休みの時期でもあり、多くの家族連れでにぎわっていた。観光地にありがちな「有名だから、なんとなく来てみた」という雰囲気ではなく、みんなが熱心に展示解説を読んでいた。

南部フロリダ州から来た小学校の体育教師リック・モランジさん（58）に施設の印象を聞いてみると、「とても魅力的で美しいね」と声を弾ませた。そして、「世界の創造を紹介する素晴らしい展示だ。恐竜が人類と共存するのも、科学的な考え方に基づいている。学校でも創造論を教えるべきだと思う」と語った。恐竜と人間が共存することを示す「科学」なんて聞いたことはないが、モランジさんはそう言った。

創造論を信じながら学校の先生をしていることに興味があったので聞いてみると、「学校では進化論が正しいとされ、教えられている。悲しいことだ。私は体育を教えているが、イースター（復活祭）やクリスマスなどの時には何を意味する祝日なのか、子どもたちに話すようにしている」と教えてくれた。

娘のマンディーさん（18）と妻の3人でインタビューに応じてくれて、マンディーさんは「政治に関する考えは家族の間でちょっと違うけど、創造論を信じることでは家族は同じ」と笑顔で話した。

南部テキサス州から来たという40歳代のトル・オキキョールさんは「ずっと来たいと思っていて、ようやく実現できた。創造論の世界をわかりやすく、やさしく紹介していて、とても良かった」と満足そうだった。小学4年と中学2年の2人の子どもは、進化論を教える公立学校に行かせずに、私立学校に通わせているのだという。

実際に創造論を信じる人たちの話を聞いてみて、「アメリカには進化論を否定し、創造論を信じる人がいる」という現実をしっかりと実感できた。

私個人は宗教と深くかかわる生き方をしていないので、「これだけ科学が進んだ21世紀なのに創造論を信じる人たちがいる」という話は、メディアで誇張されているのではないかと疑ってもいた。しかし、向き合って肉声を聞いて、誇張ではないことがよくわかった。彼らの言葉からにじみ出る強い信仰心は、私の想像を超えるものだった。「もう一つのアメリカ」に触れた気持ちになった。

進化論の支持はわずか2割

そんなふうに創造論を信じる人は、いくらアメリカでも一部に限られるのではないか——。そう思うかもしれない。しかし、現実はそうではない。彼らは今でも多数派だ。

米ギャラップ社の世論調査（2017年5月）によると、「神が過去1万年のある時に人類を創造した」との考え（創造論）を支持する回答が38％に上った。米国人の3人に1人は今でも、数百万年にわたる人類の進化を否定し、神が突然、人類を創造したと考えているのだ。

「人類は数百万年にわたり進化してきたが、そこには神の導きがある」とする回答への支持も同じく38％だった。このグループは、「神が約6000年前に人類を創造した」とする保守的なキリスト教のグループとは違って数百万年にわたる人類進化を認めつつも、そこには「神の導き」があるとする。化石などの証拠との矛盾はないが、「神のおかげ」という考え方は維持している。

これら二つのグループをあわせると、人類の誕生に神の関与を認める人たちは実に76％に

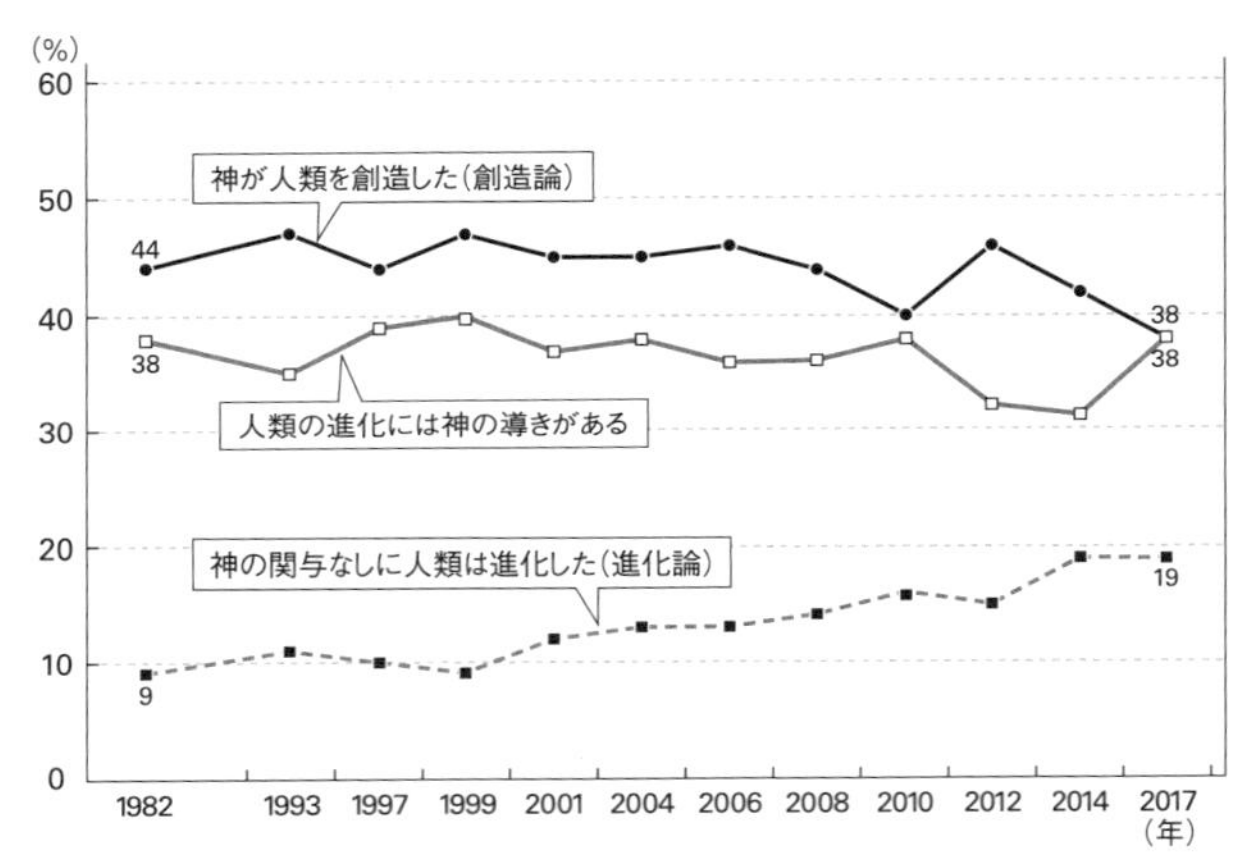

ギャラップ社のデータをもとに作成

図3・1　米国で進化論への支持はまだ少数派だ

上る。米国人の4人に3人は、「神のおかげで人類は誕生した」と考えていることになる。

「神の関与なしに人類は数百万年にわたり進化した」とする進化論を支持する回答は19%にとどまった。進化論を支持する回答は20年前の10%に比べ増えているが、依然として少数派にとどまる（図3・1）。

実物大!!　ノアの方舟

現場の話に戻ろう。

創造論の世界を再現した創造博物館に驚かされたが、そこから車で約1時間走った小高い丘の上に、さらに現実離れした風景があった。地上の動物を大洪水から救った

写真3・7　全長155メートルの「実物大・ノアの方舟」。方舟の近くにいる人と大きさを比べると、その巨大さがわかる（2017年7月、ケンタッキー州ウィリアムズタウン）

という「ノアの方舟」が、聖書に基づいて「実物大」で復元されていた。全長155メートルに及ぶ「方舟」は圧巻だった。あまりに巨大で、カメラのファインダーに全体を収めるのに苦労した（写真3・7）。

創造博物館を運営する団体が2016年7月に新たに作ったテーマパークで、創造博物館の姉妹施設だ。

方舟のなかに入ると通路脇にはびっしりと飼育小屋が並び、方舟が運んだとされる動物の模型が展示されていた。広報担当者のパトリック・カヌスキーさん（61）（写真3・8、150ページ）は「聖書で書かれているノアの方舟を正しく再現し、伝えるのが目的だ。我々は聖書の言葉に厳密に従っている」と話した。カヌスキーさんに進化論をどう思うか聞いてみると、「私は進化論を信じない。聖書に書かれていることを信じている。自分の子どもたちにも創造論を教えている。真実を教えるべきだからだ」と答えてくれた。

実物大「方舟」について、別の解説員は「ここの展示を見ることで、ノアの方舟が神話でなく、本当の歴史であったことを理解できる」と胸を張っていた。

「本当の歴史」であることを示すために、「ノアの方舟」に対するよくある批判への回答も紹介されていた。

「ノアの方舟」が大きいとはいえ、巨大な恐竜をどうやって運んだのかという批判に対しては、「小さな子どもを乗せた」などと反論していた。

写真3・8 「聖書に厳密にしたがって、方舟を再現した」と話すカヌスキーさん

180万種にも上るとされる膨大な生物種をどうやって運んだのかという批判に対しては、こう答えていた。「すべての生物種のうち、魚や植物、バクテリアなど方舟が運ぶ必要がない生物が全体の98%以上を占める。方舟は、陸に住む動物の祖先となる生き物を運べば十分で、運ぶ動物は1398種類になる」。1398種類の動物を数ペアで運ぶために、動物の

数は6744になったという。

ちなみに魚や植物、バクテリアなどは方舟が運ばなくても、洪水を生き延びることができるから、運んでいなかったのだという。たしかに魚は泳げるし、植物の種は洪水が終われば芽を出すことができる。バクテリアもなんとか、生き延びたのだろう。

施設は3階建てになっていて、大きな動物を飼育する小屋から小さな鳥小屋まで整然と並んでいた。展示の説明によると、大型の飼育小屋が186個、中型の飼育小屋は293個、鳥小屋は308個あるのだという。ほかに両生類専用のケージや、超大型の飼育小屋などもあった。

写真3・9　現代のキリンの祖先とされる、首の短いキリンの模型

大きめの飼育小屋には、首の短いキリンの模型が展示されていた（写真3・9）。現在のキリンの祖先なのだという。彼らの説では、同じキリンのグループのなかで、首の長さが変わるような進化は認められているようだった。

動物たちの餌の保管場所なども展示され

写真3・10　写真中央のケージには動物の模型が入れられ、右側には、動物の餌を入れたとされる袋が積み上げられていた

ていた（写真3・10）。船内を照らす火をともすためのオリーブオイルや、動物たちの飲み水を保管するつぼもたくさん並んでいた。動物たちのために必要な餌や水の量などのデータを示し、それらを保管できるように設計されていることも細かく説明されていた。

「これらは空想ではなく、現実に起きたことだ」というリアリティーを示そうとする強い意志を感じ、「お疲れさまでした」と言葉をかけたい気分になった。

「ノアの方舟」は約1億ドル（約110億円）の資金を投じて建設され、開館から1年で約100万人が訪れたという。

大人の入場料は2019年3月時点で「ノアの方舟」が48ドル（約5280円）、「創造博物館」が35ドル（約３８５０円）とそれなりの金額だ。子どもはそれぞれ15ドル（約１６５０円）だった。両施設を合わせたチケットは割安で大人が75ドル（約８２５０円）、子どもは25ドル（約２７５０円）だった。４人家族で二つの施設を訪れると、入場料だけで２００ドル（約２万２０００円）になる。

「創造論こそが真実だ」

「方舟」を訪れた人たちに話を聞いてみた。

中西部アイオワ州から車で８時間かけて孫を連れて来たというビル・ナイトさん（56）は「聖書で読んではいたが、実物を見ると大きさに圧倒される」と感激していた。「進化論はただの理論であり事実ではない。創造論こそが真実だ」と話した。さらに「交配で品種を改良したり、生きている間に環境に適応したりすることは見ればわかるが、生物が異なる種に進化することはない」と進化論の問題点を指摘した。第1章（64ページ）で紹介した、「人間の直感は科学と相性が悪い」という話を思い起こさせるコメントだった。

ナイトさんは10年前に「創造博物館」を訪れ、今回は新たにできた「方舟」を見るために孫を連れて来たのだという。熱心なリピーターなのだ。

中西部ミシガン州から車で4時間かけて来たという50歳代のサニー・ジョージさんも「方舟が実際にどんなものだったのか、それを見たくて来たんだ。聖書に基づき、こんな規模のものを作るなんて全く想像できなかったし、信じられないよ。来る価値は十分にあった」と満足そうだった。そして、ジョージさんは次のように強調した。

「子どものころから事実に基づいて判断するように心がけてきた私にとって、進化論を正しいと考えることは難しいよ。とても小さな生き物や大きな生き物、私たち人類はどこから生まれたのか。宇宙にある数百万の星や銀河はどこから生まれたのか。創造主がいると考えないと、つじつまが合わない。学校では進化論と創造論の両方を教え、子どもたちにどちらが正しいかを選ばせるべきだ。政府や学校が、進化論が正しいと押し付けるのは間違いだ」

「創造博物館」でも「ノアの方舟」でも、来ている人にインタビューをお願いすると、みんな親切に話をしてくれた。「マスコミのインタビューなんて面倒くさい」とか「どうせ偏見を持って見ているんでしょ」といった身構えた雰囲気はなく、「自分の思いをわかってほしい」という感じで、熱くそして丁寧に語ってくれた。

ただ、いくら丁寧に説明されても、私は創造論を信じる気にはなれなかった。創造論を信じたい人は信じればいいいと思う。何を信じるかは個人の自由だし、信仰の自由は人間にとっての基本的な権利だ。

そこに、問題は全くない。しかし、根強い創造論への支持は、学校現場に影響を与えている。問題を感じるのは、公立学校で創造論を教えようとする動きがあることだ。

創造論を教える先生たち

ペンシルベニア州立大学のエリック・プラッツァー教授らが２０１１年に発表した論文は、教育現場に創造論が入り込んでいる実態を浮き彫りにした。全米の公立高校の生物学教師にアンケート調査し、９２６人のデータを分析した。

その結果、高校の生物学教師の約13％が、「創造論」など神が進化に関与したとする説を積極的に授業で取り上げていることがわかった。この先生たちの授業を受ける子どもは、生物学の授業で「神が生物を創造した」と教えられているということだ。中西部ミネソタ州の先生は「私は自分の生物のクラスで進化論を教えない。低レベルの科学を教える時間などない」と主張して、創造論を教えていたという。

進化論をきちんと教える先生は約28％にとどまった。

創造論を教える約13％、進化論を教える約28％以外の残り約60％の先生はどんな教育をしているのだろうか。研究チームが最も問題が大きいと考えているのは、実はこの約60%だ。
このグループの先生たちは、親や地域住民からの批判を恐れて両方を教えるなど、煮え切らない立場だった。研究チームは「用心深い60%」と名付けた。アンケート調査にはこんな声を寄せていた。
「(進化論や創造論などのなかで) どれが正しいのかを子どもたちが自分自身で決めるべきだ」(北東部ペンシルベニア州の先生)
「子どもたちは進化論を学ぶ必要があるが、それはただ、進化論が本当であるかのように生物学のカリキュラムに書かれているからだ」(中西部ミシガン州の先生)
子どもたちに決めさせるというのは一見、選択の自由を提供して民主的な感じがする。しかし、創造論と進化論を同じレベルに扱って「お好きなほうをどうぞ」というのは、生物学の授業では問題だろう。また、「カリキュラムにあるから学んでね」という姿勢では、子どもたちが本当の意味で進化論を理解することにつながらないだろう。
研究チームは「創造論を積極的に教える一握りの先生よりも、過半数を占める用心深い先生たちの存在が、米国の理科教育に大きな影響を与えている」と指摘した。
非営利団体の「全米理科教育センター」(西部カリフォルニア州オークランド) はこうした

現状を心配し、理科教育に創造論が入り込まないようにする活動を続けている。事務局長のアン・リード氏（58）（写真3・11）は問題点をこう指摘した。

「創造論を信じるのは個人の自由だが、学校の理科教育は科学を教えるのが目的だ。創造論を宗教のクラスで教えたり、なぜ創造論を信じる人と進化論を信じる人がいるのかを哲学のクラスで議論したりすることは良いことだろう。しかし、理科の授業で創造論を教えるべきではない」

実験や観察によって組み立てられた理論ではないという視点で見れば、創造論を理科の授業で教えるのは、占星術のような占いを教えることと同じだ。それでは理科の授業は成り立たないだろう。

写真3・11　創造論が学校現場に入り込まないよう活動を続けるリードさん（2017年11月、カリフォルニア州オークランド）

さらに、公立学校で創造論を教えることは、「国が特定の宗教を奨励することを禁じ、信教の自由を保障する」という政教分離の原則を定めた米国の憲法にも違反する。米国の裁判所は、創造論に関連する考え方は科学ではなく特定の宗教に関することだとする判断を、20世紀後半から一貫して示してきた。特定の宗教に関する考え方を教えることは、その宗教の布教活動にほかならず、政教分離を定めた米国憲法修正第一条に反するのだ。

「科学とは何か」についての裁判

創造論を公立学校で教えることを違憲とする判決は多く出されているが、中でも有名なのは、「科学とは何か」について深く議論された、南部アーカンソー州の連邦地方裁判所での裁判だ。

訴えたのは、子どもを学校に通わせている親や高校の理科教師たちだ。彼らはこう訴えた。〈1981年に成立したアーカンソー州の州法が、「創造科学」（創造論）と進化論の両方を公立学校で教えることを義務付けていることは、（特定の宗教を公立学校に持ち込むものであり）政教分離を定めた米国憲法修正第一条に反する〉

創造科学とは、創造論に科学的な装いをまとわせて宗教とは一線を画し、憲法違反を避けようと狙ったものだ。アーカンソー州の州法では創造科学の説明で、聖書の文言をそのまま引用したり「神」という文言を使ったりしていない。

しかし、「宇宙やエネルギー、生命は無から突然、創造された」「突然変異や自然選択では、すべての生物の誕生を説明できない」「人類とサルの祖先は別である」「全世界的な洪水があった」などとする内容は、創造論とほぼ同じであり、裁判では創造科学と創造論に違いはないとされた。創造科学は事実上、創造論であり、本書の記述では創造科学についても創造論と表記したい。

裁判で焦点となったのは、創造論が科学なのかどうかだった。その議論をするためには、「科学とは何か」をまずは示さないといけない。科学として必要な条件は何なのか。科学哲学の専門家らが法廷で証言するなど、本質的で根幹にかかわる議論が交わされた。

1982年に出された判決で、担当したウィリアム・オバートン裁判官は、科学に求められる条件として次の五つを示した。

1. 自然法則をもとに導き出される
2. 自然法則を参照しながら説明がされている
3. 実験的に検証が可能である
4. 結論は仮のものである。つまり、最終的な結論である必要はない

5. 反証可能である

その上で、創造論はこの科学の基準を満たしていないとの結論を判決で示した。「生命は無から突然、創造された」という主張の根拠となる自然法則はないし、その主張を具体的に検証することもできないだろう。

オバートン裁判官は親たちの主張を認め、公立学校で創造論を教えることを求めた州法を無効とした。「科学とは何か」について踏み込んだ判決は、1982年2月の米科学誌サイエンスに掲載された。科学者の研究論文を紹介する科学誌に判決が掲載されるのは、珍しいことだった。

1987年には連邦最高裁で、「進化論を教える時は創造論も合わせて教えなければならない」と定めた南部ルイジアナ州の州法が憲法違反とされた。この最高裁判決をもって、創造論の教育を巡る一連の裁判は決着したとされる。

しかし、先ほど紹介した通り、最高裁で憲法違反とされた創造論教育は今も、米国の公立学校に広く浸透している。このギャップはどこから生まれるのだろうか。

「反進化論」は進化している

最高裁判決の結果が教育現場に行き渡らない理由を全米理科教育センターのリード氏に聞いてみると、こんな返事が戻ってきた。

「進化論に反発する動きが、進化しつづけているのです」

創造論を教えることを違憲とした１９８７年の最高裁判決の後に広がったのは、「インテリジェント・デザイン（ＩＤ）説」という考え方だ。「創造科学」からさらに一歩、宗教色を薄める工夫をしている。

「創造（creation）」という言葉を、より科学的な響きがある「デザイン（design）」という言葉に置き換えた。ＩＤ説は、「極めて複雑な生命の仕組みは、突然変異による進化では説明できず、『超越的な知性を持つデザイナー』によるものだ」と主張する。

「神」は登場しないが、本質的にはやはり創造論の書き換えに過ぎない。北東部ペンシルベニア州の連邦地裁は２００５年、「ＩＤ説は創造論と切り離すことができないものであり、科学ではない」と断定し、ＩＤ説を公立学校で教えることは憲法違反とした。２００５年、わりと最近のことだ。

「創造科学」に続いて「ＩＤ説」も憲法違反になり、運動はさらに巧妙になる。次の運動では、もはや進化論に代わって何を教えるべきなのかを具体的に示さない。

「物事を批判的に考える能力を養おう」

そんなキャッチフレーズに代わる。

２００８年に南部ルイジアナ州で成立した州法はこう定めている。

「進化論、生命の起源、地球温暖化、人間のクローニングなどの問題に関連して、批判的に考えたり客観的に分析したりする能力を養う教育を公立小中学校で進めなければならない」

進化論を批判的にとらえて教えるということは、言葉で明示していなくても「創造論」をうかがわせる。はっきり書くと「憲法違反」になるため、「批判的に教える」との表現にとどめている。

ルイジアナ州に続き、南部テネシー州も２０１２年、進化論や地球温暖化などについて子どもが批判的に考える能力を身につけられるように教えることを求める州法を成立させた。

そもそも、理科教育で「批判的な思考法（critical thinking）」を教えるのは当然のことであり、あえて州法を作って奨励するようなことではないだろう。これらの州法は先ほど見たような、進化論教育で明確な態度を取らない理科教師に、創造論と進化論の両方を教えることを促すのが狙いだ。言葉を選びながら、憲法違反にならないぎりぎりのところで、創造論を学校教育に持ち込もうとしている。

こうした州法はルイジアナ、テネシー州で成立しているほか、中西部サウスダコタ州や南西部アリゾナ州などでも議論されている。いずれも保守的な州だ。全米理科教育センターによると、全米50州の2割に当たる10州前後で毎年、こうした州法が検討されているという。根強い運動があるのだ。

自主独立の伝統も背景に

創造論が教育現場に居座る背景として、リード氏は「反進化論の進化」に加えて、アメリカが誇る「自主独立の伝統」を指摘した。ここでも議論は、アメリカという国の建国の精神に立ち戻ることになった。

「ヨーロッパの権威主義から逃れてきた人たちが国を作った米国では、個人主義を愛する文化がある。政府から指示されることへの強い反発がある。だから、子どもたちに何を教えるのかは、それぞれの地域の人が決めるという思いが強く、国レベルで教育内容を統一することは難しい」

リード氏はそう説明してくれた。

日本では、国（文部科学省）が教科書を一言一句まで厳密に調べて、画一的な教育の質の確保を目指しているが、そうした発想は米国にはない。

創造論を教えることが憲法違反であっても、特に南部の保守的な地域では創造論を信じる人たちが多数を占め、学校で創造論を教えても誰も苦情を言わずに創造論教育が続く。多様性といえば聞こえは良いが、それが逆に「科学的とは言い難い理科教育」を育む温床になっているようだ。

最高裁の判決が出ようとも、それに屈せず反進化論の運動が続く事実からは、宗教大国であるとともに「反権威主義のアメリカ」の顔が垣間見える。

答えの見えないなかでの模索

リード氏が事務局長を務める全米理科教育センターは、創造論を教えることに反発する人たちを支援している。「子どもが学校で創造論を教えられている」といった連絡を受ければ、公立学校で創造論を教えることは憲法違反であることを学校や教育委員会に訴えるようアドバイスする。

こうした相談は最近、減っているという。ただ、「相談の減少」＝「創造論教育の減少」というわけではないようだ。

米国社会では保守的な人とリベラルな人との分断が広がり、ある地域に住む人は保守的な人ばかり、別の地域に住む人はリベラルな人ばかりという、住む場所も政治的な傾向で色分けされるようになってきている。創造論を教えるような地域は保守的な人ばかりになっている可能性があるという。

思い切りざっくり言うと、保守的な人たちは郊外の広い家を好み、リベラルな人たちは狭くても都会好きという傾向がある。そんな住み分けの結果、ご近所は同じ考えの人ばかりということになりはじめている。

相談が寄せられるのは、保守的な地域に住むリベラルな人が、創造論を教えられることに反発するからだ。考えの違う人たちがまだら模様に住む地域が減れば、相談も減る。地域ごとに自分たちの好みの教育をする閉じた社会が形作られていくことになる。それが憲法違反だとしても、意に介さない。そして、分断は次の世代にも引き継がれる。

リード氏らは全米で教師のネットワーク作りを進め、きちんと進化論を教える教師を増やそうとしている。すでに約６０００人が登録し、リード氏らは進化論や地球温暖化に関する教材を提供している。しかし、大きな課題がある。保守的な地域の教師の間にどのように活動を広げていくか――。その答えは見えていない。

リード氏は悩ましげに言う。「私たちのネットワークには、進化論を正しく教えたいという意欲を持つ多くの教師が参加してくれている。そうした人たちが、保守的な地域の教師にも声をかけて運動が広がることを期待している。とても難しいことだが、地域の教師が連携していくことが最も有効で、ほかのやり方は思い付かない」

国レベルからのトップダウンでは物事が進まない米国で、地道な活動が続いている。

3・2 地球温暖化懐疑論

懐疑論を広めるために、30万冊無料配布

進化論への反発と並んで米国で目立つ科学不信は、地球温暖化への疑いだ。進化論への疑いが純粋な信仰心に基づくとすれば、こちらは現実社会のお金や政治など、より生々しい利害がからむ話になってくる。

地球温暖化への懐疑論が根深い背景を知りたくて、保守系シンクタンクとして有名な「ハートランド研究所」（中西部イリノイ州シカゴ郊外）（写真3・12）に2017年7月、取材に行った。この研究所は、地球温暖化だけでなく医療保険改革などでも、保守的な考えを米国中に広める発信源だ。

写真3・12　保守的なイデオロギーを全米に発信する拠点「ハートランド研究所」（2017年7月、シカゴ郊外）

取材のきっかけは、ふだん仕事をしているワシントン支局に届いた1冊の小冊子だった。

題名は「なぜ科学者は地球温暖化に同意していないのか（Why Scientists Disagree About Global Warming）」。何気なくめくって、内容に驚いた。

「気候科学で最も重要なことは、人類が地球温暖化を引き起こしているという考え方に、科学者が合意していないということだ」

小冊子はそんな主張をしていた。「産業活動などによる温室効果ガスが地球を温暖化させている」とする国際的な科学者の見解を真っ向から否定していた。

写真３・13　地球温暖化への疑いを主張するバスト氏

この小冊子の送り主が、ハートランド研究所だった。インタビューに応じてくれたジョセフ・バスト所長（59）（写真３・13）は小冊子の狙いをこう話した。

「できるだけ多くの人に、地球温暖化に関する研究結果にはコンセンサスがない現状を知ってほしかった。地球温暖化を引き起こしている原因、地球温暖化がもたらす環境への影響の二つの面で、科学者は合意していない」

地球温暖化の現状について、バスト氏は自分たちの研究をもとにこう説明した。「地球温暖化は否定しないが、（大部分は自然変動の結果であり）人間活動のために引き起こされた地球温暖化はわずかだ。さらに、地球温暖化の悪影響は小さく、恩恵のほうが上回るはずだ」

バスト氏に活動の動機を聞いてみた。

「地球温暖化を疑うのは科学の問題というよりも、個人の権利を尊重し、規制を嫌う保守的な考えが背景にあるのか」。バスト氏はこう答えた。「もともと規制に反対だから、という理由で地球温暖化の科学を調べはじめたというのは事実だ。動機はそうだが、その後は純粋に科学だけだ」

そこで、聞いてみた。

「科学者が合意に達していないのであれば、リスクが小さい場合だけでなく、同様にリスクが大きいことも考えられ、その場合に備えた対策が必要ではないか」

バスト氏は「例えば、地球に隕石が落ちてくるリスクを考えて、膨大な金を使う必要があるのか。もっと賢い使い方があるはずだ。私たちの研究で地球温暖化のリスクは非常に小さいことがわかっている」と話した。科学者の間で合意はなくても、自分たちの研究が正しいという主張のようだった。

小冊子「なぜ科学者は地球温暖化に同意していないのか」では、地球温暖化について世界中の研究者が現状をまとめる「気候変動に関する政府間パネル（ＩＰＣＣ）」について、「温室効果ガスが危険な地球温暖化をもたらしているとする仮定に基づき、都合の良い証拠を集めているだけだ」と厳しく批判する。１１０ページにわたる小冊子では、「気候変動を研究する科学者は、研究費の獲得、政治的な立場のために生まれる偏見を持っている」とも主張している。

ハートランド研究所は２０１７年春、この小冊子を、米国内の小中高校の理科教師や政治家、メディア関係者ら約30万人に無料で送った。

億単位の資金力と人材ネットワーク

小冊子にかけた費用は約１００万ドル（約1億１０００万円）、送料も含め１冊約３ドルの計算だ。

ハートランド研究所の財源は寄付収入で、寄付者は明かされていない。

米メディアによると保守系の資産家などが支えているという。年間収入は公開されており、２０１６年は約５５０万ドル（約6億円）に達した。35人の職員をかかえ、温暖化のほか、財政・税政策、医療保険政策、学校改革などの政策で保守的な提言を出している。

「社会や経済の問題に、フリーマーケットに基づく解決策を見つけ、推進していく」

ハートランド研究所はそんな目的を掲げる。政策分野ごとのレポートを毎月、政治家ら約1万2０００人に送っているほか、温暖化に懐疑的な研究者らが一堂に会するシンポジウムをほぼ毎年開いている。シンポジウムには共和党幹部も参加し、情報交換の場になっている。

米紙ワシントン・ポストによると、２０１７年3月に開かれたシンポジウムにはトランプ政権の幹部が出席し、「地球温暖化は自然の変動の結果に過ぎない」「化石燃料の利用は人類の発展に有効だ」といった議論が交わされたという。

　トランプ政権の誕生で、ハートランド研究所と政権との結び付きは強まる。バスト氏は「我々と考え方を共有する約１００人の科学者のリストを、（２０１７年）６月にホワイトハウスに提供した。政権が新たな科学者を登用する時に参考になるはずだ。私たちの政権に対する影響力は増している」と話した。

　億単位の資金力と豊富な人材ネットワークを誇るシンクタンクが保守政権を支える現実が、垣間見えた。

「危機をあおって温暖化対策に無駄な予算を使う時代は終わりだ」とバスト氏は言った。

「トランプ大統領の誕生で、ようやく私たちの声を政治に反映できる」

　晴れやかにそう語る笑顔に、地球温暖化を巡って社会に広がる溝の深さを感じた。

懐疑論も教える先生たち

「合意がない」と疑いを差し挟む手法は、教育現場にも影響を与えている。創造論と同じように、地球温暖化懐疑論も教育現場に入り込んでいる。

「人類が気候変動を引き起こしているという考え方と、人為的な気候変動を疑う考え方、両方をそれぞれ同じ時間をかけて教えている」

全米理科教育センターが2016年3月に発表した調査で、中高校の理科教師の27%がそのように授業で教えていることがわかった。さらに48%の教師はそのような教育はしてこなかったが、今後するかもしれないと答えた。

この調査は全米50州の中高校の理科教師に対して行い、1500人のデータを分析したものだ。31%の先生は気候変動を教える時に、次のようなポイントを強調すると答えた。

「多くの科学者は、最近の気温上昇は自然の変動の結果だろうと考えている」

米国の理科の授業で3分の1の先生は、「人間活動が地球温暖化をもたらしている」という国際的な科学者の見解ではなく、懐疑的な人たちの主張を教えている可能性がある。

次世代を担う子どもたちにこうした教育が行われていることが、米国で「反科学」が根強いことの背景の一つなのだろう。

地球温暖化について先生個人の考えを聞いた質問では、68%が人為的と答えたが、人為的と自然変動の両方との答えが12%、自然変動との答えが16%だった。理科の先生であっても、国際的な科学者の見解を認める割合は7割以下なのだ。

先生たちの政治的な思いと地球温暖化のとらえ方との関連を調べると、保守的な考えを持つ先生ほど、地球温暖化に懐疑的な思いを持っていることが確認できた。学校の先生だからといって、政治的なバイアスから自由になることは難しいようだ。

「疑いが我々の商品」(Doubt is our product.)

「まだ科学者の間で議論は続いている」という印象を与え、科学的な研究成果が突き付ける対策を先送りにする手法は、地球温暖化問題が初めてではない。

第1章(74ページ)で紹介したハーバード大学のオレスケス教授が、米航空宇宙局(NASA)の科学技術史研究者エリック・コンウェイ氏と2010年に出版した『Merchants of DOUBT(邦題・世界を騙しつづける科学者たち)』は、産業界の代弁者となる科学者たちの実態を描いた。彼らはたばこの健康被害や酸性雨、オゾン層の破壊、地球温暖化など様々な問題で、「合意ができていない」と異議を差し挟み、対策を遅らせてきた。たばこや地球温暖化などテーマは変わっても、異議を唱える科学者の顔ぶれは同じだった。

同書をもとに、たばこ会社の戦略を見てみよう。

1959年に「米国がん学会」が「喫煙は肺がんの主な要因である」と公式に認めるなど50年代後半から60年代にかけて、たばこの発がん性が科学的に明確になりはじめた。

たばこ業界の内部文書を調べたカリフォルニア大学の研究者によると、たばこ会社内部の科学者も1960年代前半までに、喫煙が発がんにつながることやニコチンが中毒性を持つことを突き止めていた。米連邦政府の報告書でも喫煙と発がんの関係が明らかにされるなか、たばこ業界が取った戦略は、そうした科学に疑問を差し挟むことだった。

1969年にたばこ会社の幹部が書いたとされるメモは、その戦略を象徴している。カリフォルニア大学のデータベースに残るメモは次のように語る。

疑いが我々の商品だ。なぜなら、一般市民の心にある「事実」に対抗するには、疑いを差し挟むのが最も有効な手段だからだ。それはまた、論議を引き起こす手段にもなる。（中略）ただ、疑いにも限界がある。残念ながら、私たちは「反たばこ」運動に明確に反対する立場を取ることはできない。たばこは健康にいいと言うことは出来ない。そのような主張を支える事実はないからだ。

「たばこ＝害」を全面的に否定できないので、疑問を差し挟み、結論を先送りする戦略だ。「たばこ」を「地球温暖化」に書き換えれば、現代の温暖化懐疑論の戦略になるのではないだろうか。「地球温暖化はでっちあげ」と全面的に否定する人もいるが、全面的な否定ではなく「地球温暖化は認めるが、人為的かどうかはわからない」「温暖化がもたらす悪影響の程度はわかっていない」などと疑問を差し挟む人は多い。ハートランド研究所の主張もそうだった。そこには、かつての「たばこ戦略」が引き継がれているように思えた。

部族への忠誠か、さもなくば落選

疑いを差し挟む人たちにとって、疑うことをやめた人は目障りな存在だ。保守系の政治資金団体が、地球温暖化に理解がある共和党議員の当選を阻む活動をしている。

共和党下院議員（南部サウスカロライナ州選出）だったボブ・イングリスさん（58）は２０１０年の選挙の前に、地球温暖化を疑うことをやめた。そして、共和党の候補者を決める予備選挙で新人に敗れた。予備選で敗れれば共和党候補として戦うことができず、議員への道は事実上たたれる。現職が予備選で敗れるのは異例だった。イングリスさんが地球温暖化対策に乗り出したことが、落選の一因とされた。

もともとは地球温暖化を疑っていたイングリスさんだが、三つの段階を経て、地球温暖化は現実であり対策が必要だと考えるようになったのだという。

まずは第1ステップ。2004年の選挙前、投票できる年齢になった長男(18)からこう言われた。

「パパに投票するけど、環境に関してもっと良い行動をしてね。愛しているよ、もっと良くなれるよ」

イングリスさんは、「これが最初の一歩だった」と電話インタビューで答えてくれた。まずは家族が背中を押したのだ。「愛しているよ、もっと良くなれるよ(I love you and you can be better.)」という会話がアメリカの親子らしい。

第2ステップは、議員活動の一環で南極を視察した時の経験だ。南極の氷に残された過去の大気中の二酸化炭素濃度の記録を見て、長期間安定だった二酸化炭素濃度が産業革命後に急上昇していることを知った。「証拠は明確だった」とイングリスさんは振り返る。

そして、第3ステップ。再び議員活動での視察だった。オーストラリアのグレートバリアリーフを訪れた時、イングリスさんと信仰を共有するオーストラリアの気候科学者スコット・ヒーロンさんと出会った。

一緒にシュノーケリングに出かける間に、「スコットと信仰のことなどたっぷり話をした」とイングリスさんは言う。シュノーケリングでは白化したサンゴの無残な姿を実際に見て、その原因を教えられた。「行動を起こす時だ」。白いサンゴを見て、決意は固まったという。

サンゴの白化とは、サンゴに共生している褐虫藻という植物プランクトンがサンゴからいなくなってしまい、色が白くなることだ。海水温が上がって褐虫藻にストレスがたまるのが原因とみられ、地球温暖化がもたらす生態系の変化を象徴する現象とされる。

イングリスさんの地球温暖化を疑う思いは長男の言葉、現場で目にしたこと、信仰を共有する研究者の解説によって覆された。「イングリス２・０、新しい自分になった」と振り返る。「２・０」になったイングリスさんは２００９年、化石燃料などに課税する炭素税を米下院で提案するなど、地球温暖化を防ぐための活動に本格的に乗り出した。そして、２０１０年の予備選で落選した。イングリスさんは言う。

「地球温暖化を認めたことで、私は共和党という部族（tribe）のなかで異端の存在になってしまった。２０１０年は（リーマンショック後の）世界的な経済危機のなか、人々はそれぞれが属する部族により忠誠を尽くすようになっていた。厳しい時だからこそ、グループのみんながまとまって乗りきろうとしていた。そんな時に、民主党と歩調を合わせる主張をしたことは、裏切り者と見なされた」

イングリスさんが使った「部族（tribe）」という言葉は、直接的で生々しく聞こえた。政党のメンバーがお互いに強い絆で結び付き、まるで「部族」のような集団になっているのが、米国政治の現状だ。第1章（53ページ）で見たように私たちの脳に、狩猟採集をしていた石器時代の心がやどり、今も「部族」を大事にしているのだろうか。

裏切り者となったイングリスさんを排除するため、石油業界などが保守系の政治資金団体を通じて選挙資金を投入し、地球温暖化を疑う対立候補を予備選で支援した。共和党候補は温暖化を疑う人でなければならないという発想だ。

２０１２年の上院議員選挙では、やはり温暖化対策の重要性を主張していた共和党現職、リチャード・ルーガー氏（85）（写真3・14）が、インディアナ州の共和党上院議員候補を決める予備選で新人候補に敗れた。インタビューに応じてくれたルーガー氏はこう振り返った。

写真3・14　地球温暖化対策を訴え、落選したルーガー氏（2017年6月、ワシントン）

「地球温暖化への態度がすべてではないが、それが一つの要因で州外から膨大な選挙資金が流れ込み、私のネガティブ・キャンペーンにつながった。共和党議員でいる限り、地球温暖化を認めることが難しい現状になっている」

共和党議員の間ではこうした攻撃を避けるために、地球温暖化について語るのを避ける傾向が広がっている。２０１８年６月20日付の米紙ニューヨーク・タイムズは「地球温暖化を認める共和党議員は、石油業界などが強力に支える新人候補からの挑戦を受け、予備選で敗北するリスクにさらされることになる」と指摘した。民主党と戦う前に、身内から狙われるのだ。

「見捨てられた人」の熱狂

ここまで、地球温暖化を疑う人たちの実態を紹介してきた。疑いを差し挟む人たちは政治的な打算で行動しているとか、石油業界からの資金を目当てにしているとか、良くないイメージでみられがちのように感じた。

だが、地球温暖化を疑う人がみんな計算高く、政治的であるというわけではない。南部アラバマ州の炭鉱を２０１８年８月に取材で訪れ、そこで働く人たちの話を聞いた時、そう思った。彼らの地球温暖化を疑う思いは、仕事や家族への愛情から生まれているように感じた。

そして、地球温暖化を巡るコミュニケーションの難しさも実感した。

図3・2　取材で訪れた炭鉱の場所

取材で訪れたアラバマ州ジェファーソン郡は、豊富な石炭埋蔵量を誇るアパラチア山脈の南端に位置する（図3・2）。歴史は古く、19世紀前半から炭鉱でにぎわってきた地域だ。ここで1988年から石炭を採掘する会社を営んできたランディー・ジョンソンさん（71）（写真3・15、182ページ）は、2014年に炭鉱を閉鎖した。

「オバマのせいで、物事が悪い方向に進んでいたからだ」。ジョンソンさんはオバマ前政権を批判した。「政府が我々を助けるのではなく、傷付けたんだ。連邦政府が我々を徹底的にやっつけようとしていたんだ。全く理解できないよ」。目を見開いて真正面から私を見つめて話すジョンソンさんのむき出しの敵意に、私はたじろいだ。

ジョンソンさんは、オバマ前政権が進めた地球温暖化対策が石炭生産にブレーキをかけたと考えている。オバマ前政権は、天然ガスや石油に比べて燃やした時に多くの二酸化炭素を排出する石炭の利用に規制をかける政策を進めた。

「国のエネルギーを支えている」。そんな自負を持って働いていた炭鉱労働者は、環境に害を与えているとみられるようになった。米労働省によると、オバマ氏が就任する前の２００８年に８万人前後だった炭鉱労働者は、８年間でほぼ半減し、２０１６年には5万人を下回った。

そこに登場したのがトランプ氏だった。大統領選の集会で自らヘルメットをかぶり、穴を掘るしぐさをして叫んでいた。

「炭鉱の仕事を取り戻す」

オバマ前政権下で「見捨てられた」と感じていた石炭産業の関係者は熱狂し、トランプ氏の強力な支持者となった。

トランプ政権は環境規制の大幅な緩和を進め、石炭産業には希望が戻った。ジョンソンさんは２０１８年7月、炭鉱を再開した。「トランプが大統領になって石炭業界に希望と熱狂をもたらした」と再開のわけを話した。「クリントンが勝っていたら再開なんて考えもしなかっただろう」と打ち明けた。

写真3・15　オバマ前政権への怒りを語り、トランプ大統領への支持を話すジョンソンさん。後ろの掘削機には「TRUMP」の文字を特注で書き込んだ（2018年8月、アラバマ州ジェファーソン郡）

掘削機には「TRUMP」の文字

ジョンソンさんは、炭鉱再開にあたって購入した270万ドル（約3億円）の掘削機に、特注で白く「TRUMP」の文字を書き込んだ（写真3・15）。次に買う掘削機には「MELANIA（メラニア）」と大統領夫人の名前を刻むつもりだという。2018年6月にはホワイトハウスのトランプ大統領宛てに手紙を送った。そこにはこう書いた。

「戦いを続けてくれ。俺たちはこれからも応援する」

ジョンソンさんが炭鉱再開に合わせて雇った従業員は28人。その一人のバリー・チェインバースさん（55）（写真3・16）は別の炭鉱で働いていたが、４年前に仕事を失い、自宅で畑仕事などをしていた。「妻の稼ぎが良くて助かったが、借金もあって大変だった。炭鉱でまた働くことができて給料がもらえる。素晴らしいよ」と笑顔を見せた。

取材に行った時に炭鉱に居合わせた取引先の人たちも、気軽にインタビューに応じてくれた。岩石などを破砕する「発破」の作業を請け負うランドール・フランクリンさん(35)（写真３・17、１８４ページ）は「仕事が増え、みんなが忙しくしている。街にも活気が戻ってきた。良い流れを続けるためにこれからも共和党を応援する」と話した。

写真３・16　掘削機の「TRUMP」の文字を指さすチェインバースさん

２００９年にはアラバマ州で22か所の炭鉱と契約があったが、２０１７年は３か所にまで減ったという。その後、盛り返し、18年夏の時点では7か所と契約していた。フランクリンさんは「ここでの仕事が減ったために、ほかの州に転勤しなくてはいけなかった。今はアラバマに戻り家族みんなで安定した暮らしができるようになった」と声を弾ませた。フランクリンさん

（右）写真3・17　「石炭産業が元気になり、みんなが忙しくしている」と笑顔を見せるフランクリンさん

（左）写真3・18　フランクリンさんの車のナンバープレートに貼られていた「Friends of Coal（石炭の友）」のステッカー

が現場に乗り付ける車のナンバープレートには、「Friends of Coal（石炭の友）」と書かれたステッカーが貼られていた（写真3・18）。生活はまさに石炭とともにあるのだ。

敵か味方か

フランクリンさんと地球温暖化の話をしていると、炭鉱経営者のジョンソンさんが黙ってはいられないとばかりに会話に入ってきた。

「オバマ政権は、自分たちが言ってほしいことを言う科学者を雇って大金を払った。民主党は地球温暖化の影響を語ることで、人々を怖がらせている。でも、俺は地球温暖化は信じない。結局は、どっちの側に付くかという話だ。俺は共和党を信じるよ。そして、共和党の応援を続ける。今の流れを続けることが大事だ。

それができなければ、俺たちは敗者になる」

ジョンソンさんは「結局はどちらの側に付くかという問題だ」と、敵か味方かという構図で地球温暖化問題をとらえていた。そういう考え方をしている人たちに、科学的な研究成果を一つ一つ論理的に積み上げて説明しても、伝わらないだろう。

「97％の科学者が温暖化に同意している」とか「人為的な地球温暖化は異常気象を増やし、日々の生活に影響している」といった温暖化対策を進める人たちの決まり文句は、ジョンソンさんに話しても、意味がないだろう。「それは民主党の科学者が言っていることだろう。俺は信じないよ」。ジョンソンさんなら、きっとそう反論すると思う。

地球温暖化のことを話し終えると、ジョンソンさんは「今日は8月31日。とても気持ちいい日和だよ」と言い、フランクリンさんは「これが地球温暖化なら、俺は温暖化を愛するね」と答えた。最後にジョンソンさんは言った。「ゴルフでもすべきだよ」。明るく陽気な人たちだった。

進化論を否定する人たちが篤い信仰を胸に秘めて生きている人たちだとすれば、地球温暖化を否定する炭鉱労働者は自分たちの生活、そして家族を守ろうと真面目に生きている人たちなのだろうと感じた。科学不信を募らすきっかけは、テーマによっても人によっても、それぞれなのだ。

「残念ですが、人はだまされやすいのです」

活況に沸く炭鉱現場だったが、石炭産業の今後について専門家の見方は厳しい。

米エネルギー情報局によると、米国での2008年の石炭生産量は約11億トンだったが、2018年には約7億トンと約4割の大幅減となった。ジョンソンさんたち石炭業界の人たちは、オバマ前政権の規制のために苦境に陥ったと考えていて、トランプ政権の規制撤廃で生産は上向くと期待している。

しかし、コロンビア大学グローバル・エネルギー政策センター（ニューヨーク市）が2017年に出した報告書によると、こうした石炭産業の衰退は、技術の進歩に伴う天然ガス生産量の増加や再生可能エネルギーの普及が主な原因であり、オバマ前政権による規制の影響はごくわずかだった。規制を撤廃しても、長期的な衰退傾向を反転させることはできないとの見方が一般的だ。実際、トランプ政権は規制緩和を進めているが、米国内の石炭消費の減少傾向に変わりはない。

ジョージ・メイソン大学（南部バージニア州）のアンドリュー・ライト教授（気候変動政策）

（写真3・19）は指摘する。

「トランプ大統領が炭鉱労働者に与えているのは、偽りの希望だ」

大統領選で争った民主党のヒラリー・クリントン氏は、炭鉱の再興を訴えるのではなく、仕事を失った炭鉱労働者に職業訓練の機会を作り、炭鉱業が衰退しても再雇用に道を開く政策を訴えた。

ライト教授は「トランプ氏の石炭再興は人々を欺いているともいえるが、その訴えは人々の心に響いた。一方、クリントン氏は自分の政策やトランプ氏の訴えが誤りであることを十分に伝えられなかった」と指摘する。

写真3・19「トランプ大統領が与えているのは、偽りの希望」と話すライト教授（2018年6月、ワシントン）

炭鉱でインタビューしたジョンソンさんは、クリントン氏が訴えた職業訓練の話は知っていたが、「炭鉱で働いてきた俺たちは『いらっしゃいませ』なんて、上手に言えないんだ」と話した。

理屈で考えれば産業の先行きは暗く、就業の機会を増やす職業訓練は合理的に思える。長い目で見れば、クリントン氏の政策のほうが炭鉱労働者に役立つだろう。しかし、炭鉱で働いてきた人たちは炭鉱が好きなのだ。

ライト教授の両親は、炭鉱業が盛んだった南部ウェストバージニア州の出身なのだという。両親は石炭産業で働いていたわけではないが、2人ともトランプ氏に投票したそうだ。父親はもともと保守的な考えを持つからだが、母親はトランプ氏に投票した理由を「炭鉱労働者のことを気にかけてくれる唯一の候補だから」と話したという。

ライト教授は、オバマ政権時代に国務省で気候変動問題に関する上級顧問を務めるなど民主党寄りの知識人で、クリントン氏が大統領選に勝っていれば、再び政府の要職に就いた可能性が高かった。

「母は、私がやっていることを理解し、応援してくれている」とライト氏は言った。「それでも、自分が育った地域のことを心配してくれるような姿勢を見せたトランプ氏により魅力を感じた。それが『偽りの希望』だったとしても、トランプ氏のメッセージは極めて効果的だった」

私が「あなたが育った家庭は教育水準が高いと思えるのに、『偽りの希望』にだまされてしまうのでしょうか。不思議です」と問いかけると、ライト教授は静かに言った。

「残念ですが、人はだまされやすいのです」

コラム　ローマ法王の声は届くか

科学的な考え方に影響を与える要素として、宗教と政治を見てきたが、この二つの要素が対立した場合はどうなるのだろうか。気候変動を疑うカトリックの共和党員が、気候変動対策を求めるカトリックの最高指導者ローマ法王の声を聞く時、そんな困った状況に追い込まれる（図３・３）。

共和党支持者にとって気候変動を疑う姿勢は、共和党という「部族」の一員であることを示す誓いともいえるものだ。一方、ローマ法王は２０１５年６月、司教や信徒に向けて教会の指針を示す文書「回勅（かいちょく）」で環境問題を取り上げ、気候変動に対応できない途上国の人たちのためにも対策を進めるべきだとの姿勢を示した。

政治的な立場は「気候変動は疑わしい」といい、宗教指導者は「気候変動対策

図３・３　宗教と政治の間で心が揺れる

は道徳上の責任だ」という。異なる主張の狭間で気候変動をどう受け止め、いかに心の安定を図るのか、悩ましい問題になる。

ざわざわする心を落ち着かせる解決策は何か。

「ローマ法王を信頼しなくてもいい」

答えは宗教指導者を疑うということだった。政治的な思いを優先し、ローマ法王への信頼を犠牲にするのだ。テキサス工科大学のナン・リー博士らが２０１６年に発表した論文は、そんな共和党支持者の心の動きを浮かび上がらせている。

論文ではまず、ローマ法王の回勅を知っているかどうか、と気候変動問題に対する考え方との関係を支持政党別に分析した。その結果、回勅を知っている共和党支持者、つまりローマ法王の気候変動に対する姿勢を知っている共和党支持者は、回勅を知らない共和党支持者よりも、気候変動問題を強く疑っていることがわかった。この傾向は共和党を支持する度合いが強い人ほど明確に表れた（図3・4）。

共和党支持者はもともと気候変動を疑う傾向があるが、ローマ法王の姿勢を知った人は、さらにかたくなに気候変動問題を拒むようになった可能性がある。その傾向はカトリックの共和党支持者でも、カトリックではない共和党支持者でも同じだった。

自分の考えと対立する話を聞いた時に、考えを変えるのではなくムキになって反論してさらに自分の思いを強くする——。我が身を振り返れば、たしかにそんなことはありそうだ。心理学では「バックファイア効果」と呼ばれている。

さて、民主党支持者は当然のことながら、気候変動対策を求めるローマ法王

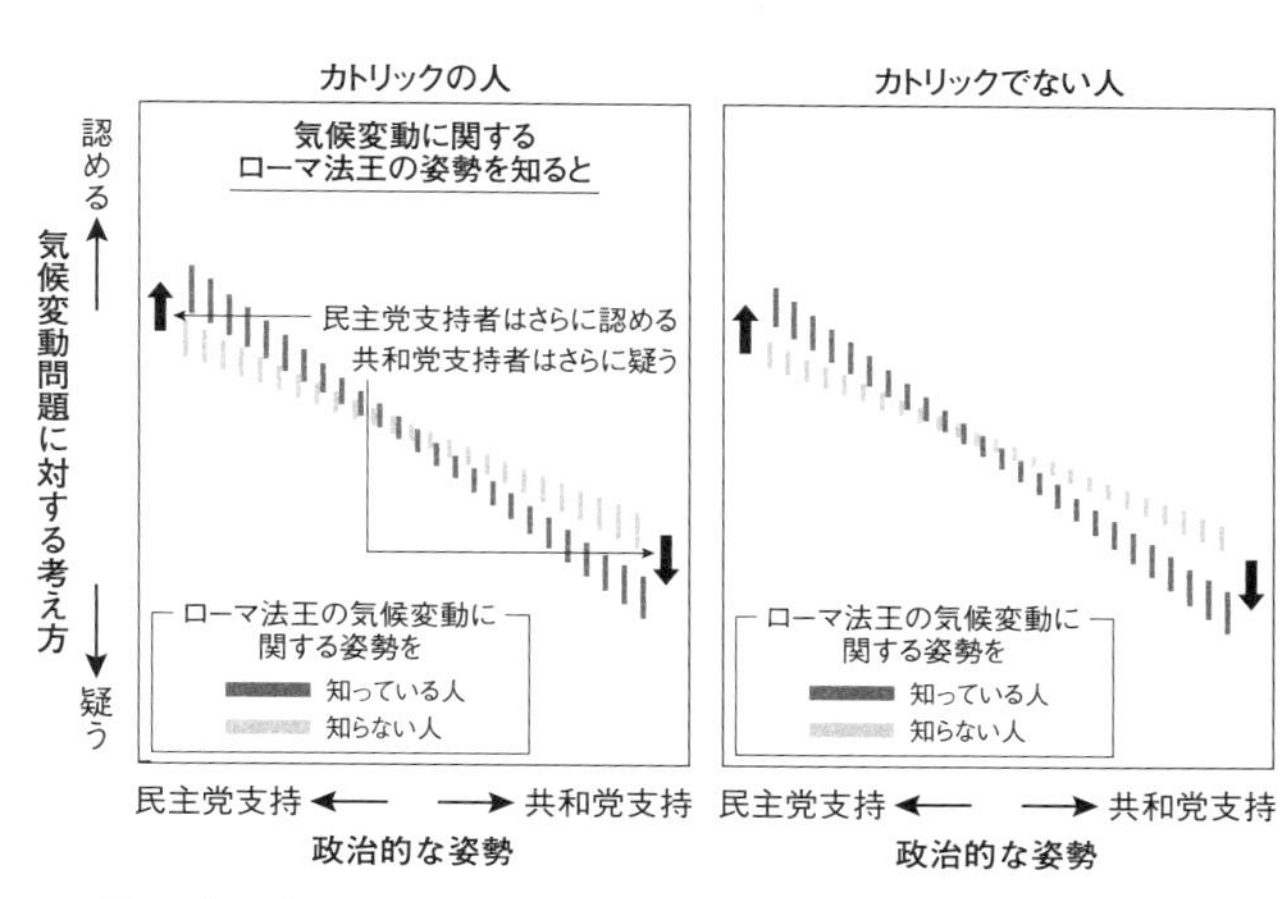

リー博士の論文をもとに作成

図3・4　共和党支持者にローマ法王の話は逆効果の可能性

の話を素直に聞き入れる。じっさい、回勅を知っている民主党支持者は気候変動を認める傾向が強かった。

残念なことだが、ローマ法王のメッセージは共和党支持者と民主党支持者の間の分断を広げ、二極化を進める結果になったのかもしれない。

続いて、気候変動対策を訴えるローマ法王への信頼度を調べてみると、回勅を知っている共和党支持者は、知らない共和党支持者に比べ、法王を信頼しなくなっていることが確認できた。

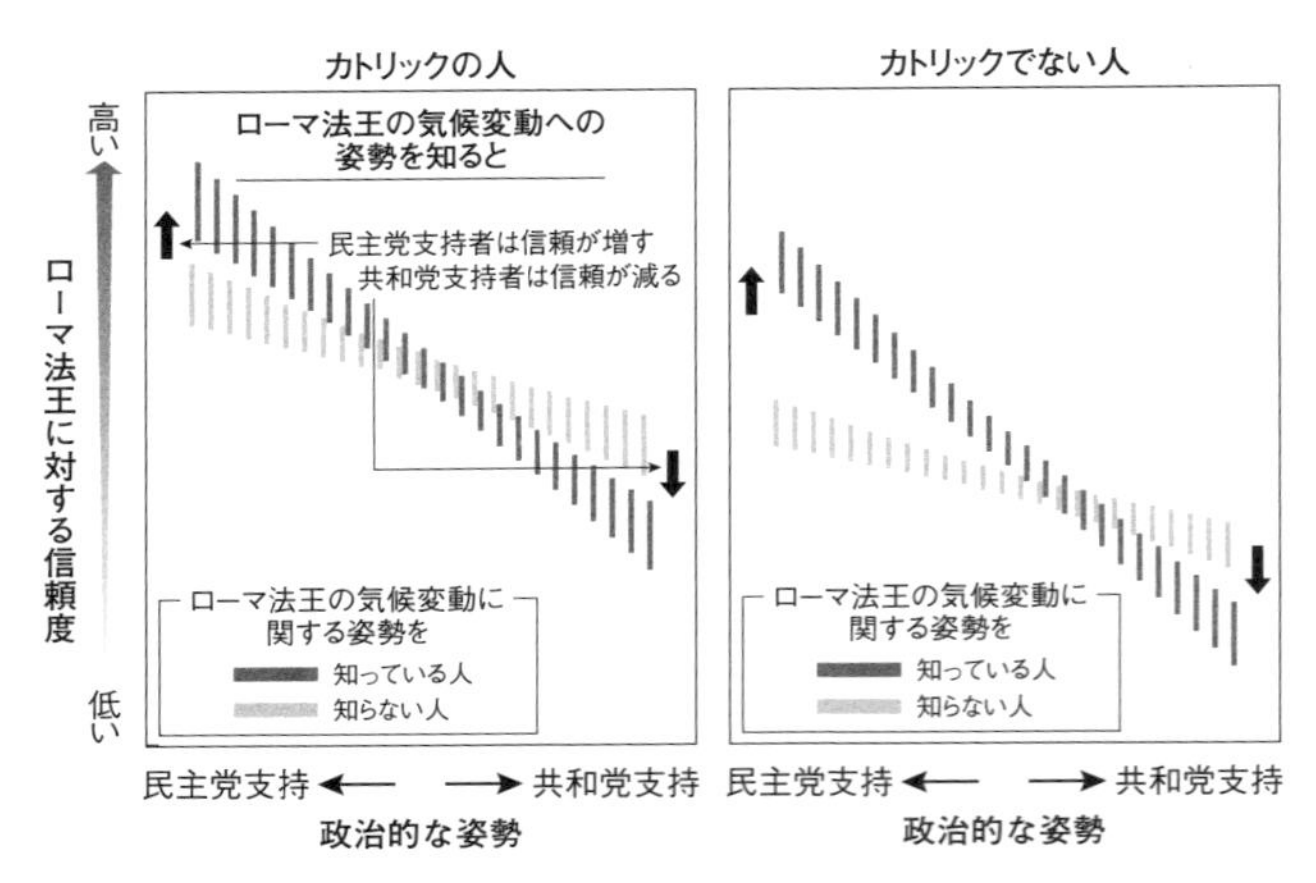

リー博士の論文をもとに作成

図3・5　共和党支持者ではローマ法王への信頼が減る

カトリックであってもカトリックでなくても、この傾向は、はっきりしていた（図3・5）。ここでも民主党支持者には逆の傾向が表れ、二極化が進んでいた。

ここで注意しなければならないのは、ローマ法王の姿勢を知って考えを変えた可能性のほかに、もう一つの可能性があることだ。

例えば、気候変動を明確に認める人ほど、この問題に対する関心が高く関連するニュースをひんぱんに見聞きするので、ローマ法王の姿勢を知る機会が多かった可能性があるのだ。つまり、ローマ法王のために考え方が変わったのではなく、もともとの考え方の違いがローマ法王の姿勢を知る機会に違いを生んだということもありうるわけだ。気候変動を強く疑う人は、逆の意味で関心が高いので、やはりローマ法王の姿勢を知る機会が多かったのかもしれない。

まとめると、次の二つのケースが考えられるのだ。

「ローマ法王の考えを知る」↓「気候変動に対する考え方を変えた」

「気候変動に対する考え方が異なる」↓「ローマ法王の考えを知る機会に違いがあった」

どちらか一方だけが正しいというわけではなく、二つの効果が重ね合わされた可能性もある。研究チームは回勅の発表前後の2回とも調査に協力してくれた人のデータから一人一人の考え方の変化を調べ、より詳しく実態を明らかにしようとした。

その結果、ローマ法王の姿勢を知っていた人は、知る前に比べ、法王への信頼がその人の政治的な立場に応じて変わっていたことが確認できた。「ローマ法王の考えを知る」↓「信頼度の変化」という関係（因果関係）があったようだ。

ただ、気候変動に対する考え方については、ローマ法王の姿勢を知ることによる明確な変化は確認できなかった。研究チームは「2回の調査の両方に答えてくれた人が少なく、微妙な効果を検出できなかったのかもしれない」と指摘している。

統計を巡る難しい問題は残るが、少なくとも、ローマ法王のメッセージが共和党支持者の心に届き、気候変動の理解を広めているわけではなさそうだ。「政治的な主義主張が、宗教をしのぐほどに強くなっていることを示唆している」。研究チームはそんな見方を示す。政治的な思いは強く、宗教の最高指導者の声ですら「届かない」を通り越して、「逆効果を生む」という状況になっている可能性がある。

政治的な姿勢と宗教指導者の声が対立した時、そんな時こそ「科学的な観点ではどうなのだろう」という発想が生まれるといいと思う。しかし、政治と宗教の葛藤であり、「科学」が、葛藤する人々の頭のなかに登場することはないように思える。「気候変動は科学の問題でもあるんですけど」と言いたくなるが、それが現実なのだろう。

第4章

科学をどう伝えるか

「人は科学が苦手」だとしたら、科学とうまく付き合うにはどうしたらいいのでしょうか。

知識を教え込もうという姿勢では、もともとの考えが極端になるだけで、理解につながらないことは第1章で紹介しました。だからこそ、うまく科学を伝えることが大事なのだと思います。

◆ ◆

そもそも、研究者は科学のことはよく知っているけれど、情報の伝え方についての訓練を受けているわけではありません。科学をよく知っているということと、科学をうまく伝えられるということは、別のことです。

科学を伝えるには、科学を研究するだけでなく、「科学の伝え方」を研究しないといけません。伝え方の研究はトランプ政権の発足を受け、活発になっています。注目されているのは、受け手の感情に気を配り、共感を得ながら情報を伝えることの重要性です。「心」を通して「頭」に届けるのです。

◆ ◆

４・１　研究者はコミュニケーターではない

科学者は自分の研究に集中したい

科学者の間ではほぼ合意に達していることでも、一般の社会では合意に達せずに論争が続く状況を見てきた。この論争は、科学者がさらに研究の精度を上げて確からしさを示す論文を積み上げたとしても、終わることはないだろう。続く論争を終わらせるには、さらなる科学研究よりも、一般社会に広がる溝を埋めるコミュニケーションが必要だ。

しかし、残念なことに米国でも科学者は伝えることに熱心ではない。

「大学院の副専攻で科学コミュニケーションを学びたいという学生が、指導教授から研究に専念するよう言われて断念するケースが毎年ある」

ウィスコンシン大学（中西部ウィスコンシン州）で科学コミュニケーションを教えるディトラム・ショイフラ教授は２０１７年11月、ワシントンで開かれたシンポジウムでそう指摘した。続けて「そうした教授はきまって、高齢の白人男性だ」と話すと、会場の白人男性に苦笑が浮かんだ。

　科学コミュニケーションとは、難しい科学研究を一般の人たちに伝える活動だ。シンポジウムは「科学コミュニケーションの科学」とのタイトルで、心理学や社会学など様々な分野の専門家が、科学を伝える活動の現状や課題を話し合った（写真４・１）。第１章で紹介した、研究成果を伝えても理解が広がらない現状などが議論されたが、私にとって最も印象深かったのは、コミュニケーションに消極的な科学者の姿勢が繰り返し指摘されたことだ。

写真４・１　科学の伝え方について議論したシンポジウム（2017年11月、ワシントン）

　研究論文を発表して評価される大学のシステムのなかで、研究以外の活動に消極的な教授が多いという。

　シンポジウムで発表された、ミシガン大学（中西部ミシガン州）の教員の意識調査結果もこうした傾向を裏付ける。市民との交流について、約４割が「時間がかかり研究の障害になる」と考えていて、そうは思わないと答えた約３割を上回った。大学内での評価に貢献しないとする回答は約６割で、貢献するとした回答の約１割を大きく上回った。

芸術家なら創作に没頭したいだろうし、スポーツ選手だったら練習に専念したいだろう。科学者も同じだ。自分の研究に集中したいのだ。だからこそ、シンポジウムを主催した全米科学アカデミーのマーシャ・マクナット会長は指摘した。

「科学コミュニケーションに力を入れる研究者をしっかり評価する仕組みが必要だ。科学をうまく伝える手法を身につけるには、大変な労力がかかる。そうした努力をする科学者を評価し、伝える力を全体的に高めていくことが重要だ」

第２章（１１８ページ）で「科学のための行進」をきっかけに一般の人たちとのコミュニケーションを始めた科学者を紹介したが、こうした活動が長く続き、さらにほかの研究者にも広がっていくためには、活動の意義を認め、評価していくことが大事なのだろう。

セーガン効果……コミュニケーションに熱心だと損をする

多くの研究者はコミュニケーションに消極的なだけでなく、コミュニケーションに熱心な研究者を低く評価する傾向も指摘されている。そんな傾向は「セーガン効果」と呼ばれる。名前は、１９８０年に放送されたテレビ番組『コスモス』などで知られるカール・セーガン氏（１９３４—96）に由来する。

セーガン氏は宇宙の神秘を解き明かす科学の魅力を、私たちに伝えてくれた。セーガン氏の番組がきっかけで科学の道に進んだ人も多い。しかし、学術界での評価は必ずしも高くなかった。セーガン氏は1992年、米国で最も権威ある科学者団体「全米科学アカデミー」の会員選考で候補者に選ばれながらも、最終選考で落ちた。最終選考で落ちるのは異例のことで、学術界のセーガン氏への冷たい対応を示す例として知られている。

NASAのディビッド・モリソン上級研究員は「ほとんどの同僚研究者は、セーガン氏の科学的な業績はアカデミー会員にふさわしいと評価していた」と振り返る。セーガン氏は啓蒙活動が余りに有名だが、金星大気の温室効果に関する研究や、火星表面で起きる嵐の研究などで科学的な成果も多く残している。しかし、「(彼のメディアでの成功を)うらやむ敵も多かった」。モリソン氏はそう指摘する。

セーガン氏は科学と社会の間に広がる溝を感じ、科学を軽んじる風潮を心配していた。1995年の著書『The Demon-Haunted World(邦題・悪霊にさいなまれる世界)』では、次のように書いている。

「私たちが水晶玉を握り、占星術を神経質に気にする時、私たちの批判的な能力は衰え、気持ちよく感じることと真実であることとの見分けが付かなくなってしまう。そして、気付かないうちに、迷信と闇の世界に滑り落ちてしまう」

「ポスト真実」の時代といわれ、事実を軽んじる傾向が世界的に広がる現代にもあてはまりそうな懸念が、20年以上前から示されていたことがわかる。科学と社会の関係に鋭い視点を持っていたセーガン氏が評価されなかったことを知ると、米国であっても学術界は意外と閉鎖的なのかという気分になる。

市民に伝えなくても予算がもらえる

米国で科学者がコミュニケーションに消極的になった背景を、歴史をさかのぼって見ると、第二次世界大戦後、政府が科学研究への支援を大幅に増やしたことに行き着く。

科学研究はかつて私財をつぎ込んだり、資産家の支援を受けたりしながら営まれてきた。人々に科学の魅力をアピールし、資金を得る研究者も多かった。

例えば、宇宙が膨張していることを1920年代に示した天文学者エドウィン・ハッブル（1889―1953）が観測を行ったウィルソン山天文台（写真4・2、204ページ）は、民間資金で作られた。

この天文台は、製鉄業などで巨額の富を築いたアンドリュー・カーネギーが設立した財団

写真４・２　鉄鋼王カーネギーの支援で誕生したウィルソン山天文台（2016年7月、ロサンゼルス郊外）

が１９０４年、年間15万ドル（２０１８年時点の貨幣価値に換算すると約４２０万ドル・約４億６０００万円）を２年間にわたって寄付することを決めたことで誕生した。ハッブルが使った望遠鏡（直径約２・５メートル）は当時、世界最大でほかの資産家の寄付も得て作られた。天文学の歴史において、17世紀にガリレオが自作した望遠鏡につぎ、２番目に重要な望遠鏡とされている。それは国が作ったものではなかったのだ。

　しかし、第二次世界大戦は、そうした素朴な科学の姿を大きく変えた。原子爆弾の開発は科学が秘める力を見せ付け、科学技術を国の重要政策に押し上げた。１９４４年、ルーズベルト大統領は、原子爆弾の開発計画を進めた技術者バネバー・ブッシュに、大戦後の科学の役割を検討して報告するよう求めた。

　ブッシュは翌45年、「科学……果てしなきフロンティア」と題する報告書をまとめ、基礎的な科学研究こそが経済の発展や病気の克服につながる知識を生み出すとして、基礎科学の重要性を説いた。米政府はこの報告に基づき、科学研究費を配分する全米科学財団（NSF）を1950年に設立するなど科学技術を推進する体制を整えた。当初は予算が限られていたが、1957年の旧ソ連による世界初の人工衛星「スプートニク」打ち上げに衝撃を受けた米国は科学技術予算を大幅に増やし、現在に至る「科学大国」の土台が作られた。

しかし、そこには思わぬ落とし穴があった。国からの資金に恵まれた研究者の意識が次第に内向きになっていったのだ。科学ジャーナリストのショーン・オットー氏（写真4・3）は2016年6月、ワシントン市内で開かれた講演会で、次のように話した。

写真4・3　米国の反科学的な動きについて講演するオットー氏（2016年6月、ワシントン）

「政府から多くの研究資金が科学者に届くようになり、科学者は大学や政府ばかりに気を配るようになった。人々に科学を伝える動機がなくなり、逆に避けるようになった」

こうした研究者の姿勢に、一般の人々は科学への不信感を強めるようになった。そして、科学者はさらに閉じこもるようになった。

「浮世離れした組織がどこもそうであるように、科学者の組織にも特権意識が生まれた。

多くの科学者は、自分たちは客観的な事実に基づく議論を重視しているとして、政治を何か汚いもの、そして自分たちよりもレベルの低いものと見なすようになった」。オットー氏はそう指摘する。

米国にも「象牙の塔」にこもる科学者に対する批判があるのだ。

ただ、そうしたコミュニケーションに消極的な科学者の姿勢は、変わりつつあるようだ。予算が限られてくるなかで米国でも研究費獲得を巡る競争は激しく、一般市民からの応援が必要だと考える科学者が増えている。科学を軽んじるトランプ大統領の誕生を受け、自分たちの言葉で科学を伝えることの大切さに気付きはじめた科学者も多い。次に、その様子を見てみよう。

4・2　新しい伝え方を探る

事実に頼りすぎては伝わらない

トランプ政権発足から1年を経た、2018年2月にテキサス州オースティンで開かれた

「米国科学振興協会（ＡＡＡＳ）」の大会では、科学を軽んじる政権に対する懸念が広がっていた。科学的な成果をいかに政策に反映させるか、科学軽視の動きにどう対処すべきかといった問題意識のシンポジウムが目立っていた。そのなかから、ここでは、科学の伝え方を議論したセッションと、「事実だけでは不十分な時」とのタイトルで行われた講演の二つを取り上げたい。

まずは「もう一つの事実と偽ニュース」というセッションを紹介してみよう。副題は「データだけでは十分でない時に科学をいかに伝えるか」。これまで本書で見てきた、事実を伝える難しさを扱ったものだった。

この会合は、通常のシンポジウムのように講演者がスライドを見せながら研究内容を説明するものではなく、参加者同士がテーマに基づいて議論して内容を深めていく形式だった。こぢんまりとした部屋に約60人が集まり、立ち見が出るほどで関心の高さを感じた（写真４・４、２０８ページ）。

司会のマーク・バイヤー氏は連邦議員のスタッフを20年にわたって務め、「人を説得する仕事をしてきた」と自己紹介した。政治の世界で鍛えたコミュニケーションのプロだ。科学とは一見関係のない人が主催するセッションで、「いつもとは違う視点の話を聞けそう」と

写真4・4　「科学をいかに伝えるか」について議論したセッション。中央に立っているのが、バイヤー氏（2018年2月、テキサス州オースティン）

期待して参加してみた。

バイヤー氏は古代ギリシャの哲学者アリストテレスの言葉を引用して、情報を伝える上で重要なことを紹介した。

「アリストテレスは演説に大切なものとして三つを挙げた。一つはロゴス（Logos＝論理）。論理的であり、事実であるということだ。これはじつは3分の1でしかない。アリストテレスが次に挙げたのはエトス（Ethos＝信頼）だ。聞き手と話し手の関係であり、話し手の信用の問題だ。私はこのセッションを自己紹介から始めた。議会で長く働いた経験を伝えることで、『この人は何かを知っているのだろう。話を聞く価値はある』と思ってもらうためだ。三つ目はパトス（Pathos＝共感）だ。この三つの要素が効果的なコミュニケーションに必要だ」

科学者が冷徹な論理にしたがって事実を話しても、「信頼」と「共感」がなければ、うまく伝わらない。「事実だけで十分ということは決してない」。バイヤー氏はそう指摘した。

近代科学は、実験や観察できめ細かく事実を突き止めるのが特徴だ。「事実」は近代科学にとってアピールポイントであるはずなのに、じつは、その事実の力が強すぎてコミュニケーションに失敗しているのではないかと感じた。事実に頼りすぎて、アリストテレスが挙げた「信頼」と「共感」に考えが及ばないのではないだろうか。

一方、トランプ大統領は、アリストテレスがいう3要素のうち、「事実」を軽んじても、成功したビジネスマンという「信頼」、言葉を巧みに操る「共感」の要素では完全に支持者に食い込んだ。コミュニケーション能力が高いのだ。

「福音派の科学者」は語る

科学者は、「とにかく正しいことを伝える」という発想に陥りがちで、それがコミュニケーションを阻んでいる。そうしたなか、発想を転換し、新しいコミュニケーションを目指す科学者も出てきた。

米国科学振興協会の大会で、「事実だけでは不十分な時」とのタイトルで講演したテキサス工科大学のキャサリン・ヘイホー教授（写真4・5）はその一人だ。気候変動を研究するヘイホー教授は科学者でありながら、もう一つの顔がある。聖書に忠実で、進化論や地球温暖化に否定的な態度を取る人が多い「福音派」のキリスト教徒なのだ。そのことが、ヘイホーさんが科学を伝える上での強みとなっている。どうして、福音派であることが強みになるのか。講演での言葉をもとに見ていきたい。

写真4・5　新しい発想でのコミュニケーションを模索するヘイホー教授（2018年2月、テキサス州オースティン）

ヘイホーさんは講演会でこう切り出した。

「今日の講演は、事実だけでは科学を十分に伝えられない時にどうすればいいのか、というテーマだ。科学者にとって、最もひどい悪夢のような状況だ」

ヘイホーさんは、テキサス州で水道関係の仕事をする人たちと気候変動について話した時の経験を紹介した。共感を得るため、お互いに関心がある水をテーマに話をした。気候変動に伴う干ばつや洪水が水資源に影響を与える可能性について説明し終えると、一人の男性が立ち上がってこう言ったという。

「あなたの言っていることはわかるけど、私にとっての問題は、政府からエアコンの設定温度について指示なんてされたくない、ということだ」

まさに政治的な思いが、気候変動の科学を拒んでいるのだ。

地球温暖化の科学を認めれば、温室効果ガスを抑えるための政府の規制強化を受け入れることになりかねない。だから、「地球温暖化は起きているかもしれないけれど、人間の影響かどうかはわからない」「地球温暖化が進んだらシロクマは困るだろうが、私たちには関係ない」などと言って、地球温暖化の研究者の見解に異議を差し挟んでいる。

地球温暖化へのそうした異議を、ヘイホーさんは「本当の意図を隠す煙幕だ」と指摘した。戦場で味方の動きなどを隠す人工的な煙が煙幕だが、ヘイホーさんがいう煙幕は、懐疑派の人たちが「規制が嫌い」という本当の意図を隠すために使う、目くらましのようなものだ。「規制が嫌いだから」とそのまま言うと、わがままなだけと思われるので、「地球温暖化の科学は疑わしい」という「煙幕」を使っているという構図だ。

だから、煙幕を真正面から受け止めてデータや事実を積み上げて説得しても、議論は空回りになるだけなのだろう（図4・1、212ページ）。

図4・1　煙幕を相手にした議論は実りがない

煙幕の向こうにある「本当の意図」を見極める必要がある。そのためには、データや事実を提供するだけでは十分ではない。「ほかの何か」が必要なのだ。

「科学者にとっては、人前でズボンを下ろすことと同じくらいに気が進まないことかもしれないけれど」とヘイホーさんは冗談めかして前置きして、「相手が心の底では何を考えているのか、それを理解しなければならない」と指摘した。事実やデータの領域に安住していては、科学は伝わらないのだ。

福音派のキリスト教徒であることの強みは、ここで生かされる。

「私にとって科学コミュニケーションで大事なのは、じつは科学とは無関係のことだ。私がキリスト教徒であることを知ってもらうことこそが、重要なのだ」

ヘイホーさんは信仰を共有することで、煙幕の向こうにある人々の本当の心にたどりつこうとしている。頑なな心を解かすのは、データではなく、共感なのだ。ヘイホーさんは、霊長類学者ジェーン・グドール氏の次の言葉を紹介して講演を締めくくった。

「私たちの賢明な頭脳と人間としての心がうまく調和して働いた時にこそ、私たちは自分の潜在力を存分に発揮できるのです」

知識は「心」を通って「頭」に届く

共感を大事にして科学を伝えようという動きは、科学者にとどまらない広がりをみせている。地球温暖化対策に乗り出したことが一因で落選したサウスカロライナ州の元共和党下院議員ボブ・イングリスさんを第３章（１７５ページ）で紹介したが、イングリスさんも、その一人だ。イングリスさんは落選後、２０１２年に非営利団体を作り、共和党支持者の間に地球温暖化への理解を広げる活動をしている。

イングリスさんも聞き手の気持ちを大事にしている。「知識は心を通って頭に届く」。そんな思いからだ。

地球温暖化問題が語られる時、これまでは「異常気象がしばしば起きるようになる」「海面上昇で沿岸部が浸水し、深刻な被害が出る」などと、悪いことが起きるので対策しようというメッセージが多かった。イングリスさんは「悲観的な考えで何かをしようというのは、リベラルな人たちの発想だ。そんなメッセージは保守的な人々の心には響かない」と言う。

おおざっぱにいうと、リベラルな人たちは現状に飽き足らずに高い理想を求め、「このままではいけない」という、ともすればマイナスな感情をバネにする傾向がある。一方で、保守派の人たちは将来を楽観することで前向きに物事に取り組むとされる。

イングリスさんは、保守的な勢力が強い米国の中西部や南部などで講演活動を続け、こんなメッセージを発信している。

「規制ではなく、市場原理に基づく競争によってクリーンエネルギーの技術革新が進めば、私たちは化石燃料に頼らなくても、より安定して低価格のエネルギーを得ることができる。こうした前向きな気持ちで地球温暖化対策を進められる」

講演では、化石燃料に課税する「炭素税」を創設しても、ほかの減税と組み合わせることで「小さな政府」を維持しながら、地球温暖化対策を進められることも訴える。地球温暖化対策には大がかりな規制などを伴う「大きな政府」が必要だとする従来の発想から抜け出し、保守的な考えと温暖化対策は矛盾しないと強調する。

イングリスさんは語る。「私たちが新しい形でメッセージを発信することで、地球温暖化対策が持つイメージを変えられる。保守派の人たちの考え方もきっと変わっていくはずだ」

ヘイホーさんはキリスト教、イングリスさんは保守的な政治信条という、それぞれの信仰や価値観を通して相手とつながり、科学を伝えようと試みている。心を通して伝わる知識が静かに、そしてゆっくりと、人々の考え方を変えていくのかもしれない。

ただ、現実は厳しい。そう実感した取材がある。

イングリスさんが作った非営利団体のメンバーであるアレックス・ボズモスキィーさんが参加するシンポジウムが２０１８年３月、ワシントンであった時のことだ。ボズモスキィーさんは、規制ではなく自由な市場原理に基づく手法と地球温暖化対策は両立できると訴えていた。

しかし、ボズモスキィーさんの講演後に若い学生は「そもそも二酸化炭素が地球温暖化をもたらしているという考えに同意できなければ、市場原理と両立したとしても、どうして対策をする必要があるのか」と指摘した。保守的な信条を共有したとしても、長く心に居座ってきた地球温暖化への疑いがすぐに晴れるわけではない。思いの共有は、重要な一歩かもしれないが、最初の一歩でもある。

天気キャスターに着目

宗教や政治信条を通して共感を得る活動のほかに、天気キャスターに注目する試みもある。研究プロジェクトを進めるジョージ・メイソン大学（南部バージニア州）のエド・メイバック教授（60）（写真4・6）は、狙いをこう話す。

写真4・6　天気キャスターを通じて、地球温暖化への理解を広めるメイバック教授（2018年12月、ワシントン郊外）

「私たちのアンケート調査で、日々の身近な天気を伝える天気キャスターには視聴者からの厚い信頼があることがわかった。そして、都合がいいことに、天気キャスターには情報を届ける手段つまり番組があり、日々の番組で養ったコミュニケーション能力もある」

信頼できるチャンネルを通して事実を届ける必要があり、天気キャスターにその役割を期待したのだ。このプロジェクトは南部サウスカロライナ州の州都コロンビアの地方局で2010年8月から始まった。折しも、コロンビアは猛暑の夏だった。天気キャスターは、気候変動のために地球の平均気温が上昇し、今後は猛暑の日がさらに増える可能性を紹介した。ハリケーンが発生する時期には、気候変動でハリケーンの激しさが増す恐れを話した。

気候変動は「将来の問題」「アメリカではなく途上国の問題」「自分たちではなくシロクマの話」などと身近にとらえにくい面がある。天気キャスターが、実感のわかない「気候変動」を、日々の生活に直結する「天気予報」に結び付けて紹介することで、より身近な問題としてとらえてもらう狙いだ。

番組で使う原稿やグラフなどは、気候変動に詳しい科学者、コミュニケーションの研究者、グラフィックデザイナーら専門家によるチームが協力して作った。天気キャスターが、気候変動を紹介する難しさについて「原稿などを準備する時間がない」「アドバイスを求めたくても研究者に問い合わせることができない」などと事前の調査で指摘していたからだ。

効果はあったのか。研究チームはコロンビア市民にアンケート調査を行い、この地方局のニュースをよく見る人と、別のチャンネルを見る人との間で、プロジェクトの開始前後で気候変動に関する考え方に違いが生まれたかどうかを調べた。その結果、プロジェクトに参加した地方局の視聴者の間に、地球温暖化への理解が広がっている可能性が示された。ただ、まだデータは限定的で、明確な結論を出すほどではなかったという。

この活動に参加する天気キャスターは増えており、2018年末時点で約630人に上った。メイバック教授によると、米国全体の天気キャスターは約2200人で、米国の天気キャスターの約4人に1人が参加していることになる。全国に広がるプロジェクトが米国の世論にどう影響しているのか、研究チームはその分析を進めているところだという。

「反科学」とレッテルを貼らないで

ここまで、信頼や共感を通して地球温暖化の理解を広げようとする試みを見てきた。「地球温暖化はでっちあげ」などと言う人たちとのコミュニケーションはなかなか難しいだろうと思うが、彼らを「反科学(anti-science)」と呼ぶと、状況は絶望的になる。

カリフォルニア大学デービス校のロバータ・ミルスタイン教授(科学哲学)はこう指摘する。

「新たに登場する技術への不安もあり、科学に関するコミュニケーションは難しい。簡単な答えはないが、反科学というレッテルを貼ってしまえば、『自分たちとあなたたちの考え方は別だから』という違いを際立たせてしまうことになる。一緒に話ができなくなる」

ミルスタイン教授の話を聞いたのは2016年2月、ワシントンで開かれた米国科学振興協会（AAAS）の大会で、「A War on Science?」と題したシンポジウムの会場だ（写真4・7）。「A War on Science?」は訳せば、「科学への戦い?」となる。「War on Poverty（貧困との戦い）」や、「War on Drugs（薬物との戦い）」などのキャンペーン活動で使われてきたフレーズをもじって、反科学的な動きにいかに対応していくかを話し合うシンポジウムだった。

写真4・7　「A War on Science?」のタイトルで科学不信の背景について議論した。右端がミルスタイン教授（2016年2月、ワシントン）

議論されたのは、地球温暖化を疑う人たち、ワクチン接種に反発する人たち、遺伝子組み換え作物（GMO）を問題視する人たちの気持ちだ。彼らはそれぞれ異なる思いを持っている。

地球温暖化を疑う人は政府の規制を嫌う心情が背景にある。

ワクチン接種に反発する人たちとGMOを問題視する人たちは、ともに自然な生き方を尊重し、先へ先へと急ぐ科学技術に不安を感じる傾向がある。ただ、政府の役割に関しては、それぞれの考え方は異なる。ワ

	政府に対する姿勢	企業に対する姿勢	科学技術に対する姿勢
地球温暖化を疑う人	産業活動への規制に反発	自由な経済活動を推進	規制につながる科学に反発
遺伝子組み換え作物を嫌う人	表示の義務化を求める	巨大企業に不信感	急速な科学の進歩に不安
ワクチン接種を拒む人	接種の義務化に反発		

図4・2　テーマごとに違う、科学不信の背景

クチン接種に反発する人たちは「ワクチンを接種しない」という個人の権利を重視し、政府からの強制に反発する。一方、反GMOの人たちは、GMOの表示ラベル導入など政府の介入を求めている。

企業に対する見方では、温暖化を疑う人は経済成長を重視して企業活動を肯定的にとらえる傾向があるが、ワクチン接種やGMOに反発する人たちは、ワクチンやGMOを販売する巨大企業への不信感が強い（図4・2）。

科学への反発はひとくくりにできるものではなく、テーマによって違う。同じ人がすべてのテーマで反対しているのではなく、テーマごとに違う人たちがそれぞれ異なる理由で反対している。

ミルスタイン教授は指摘した。

「『科学への戦い』があるのではない」

「科学への戦い」という見方をしている限り、それぞれのテーマで科学に不信感を持つ異なる人たちをひとくくりにして、「科学」

vs.「反科学」の構図を生み出してしまう。ミルスタイン教授はこう提言した。
「私たちはテーマごとに、反対している人たちの思いを聞く必要がある。それぞれの人たちと話をして、理解しなければならない。それは易しいことではないし、うまくやる方法が今あるわけでもない。しかし、その目標に達するために、まずは『科学への戦い』という言葉使いをやめる必要がある」

俳優の技を活用——研究者をコミュニケーターに変える

ちょっと視点を変えて、つぎは、観客の心をつかむ俳優のノウハウで科学者のコミュニケーション力を高めよう、というユニークな試みを紹介したい。中心になって進めているのは、俳優のアラン・アルダさん（82）だ（写真４・８、２２２ページ）。

アルダさんは１９７２～83年に米国で放送された人気コメディー番組『マッシュ（M*A*S*H）』で主演男優と脚本、監督の３役を務め、米国のテレビ界で最も栄誉ある「エミー賞」を主演男優、脚本、監督の３部門で受賞している。私は米国で暮らすまで知らなかったし、日本ではそれほど知名度はないかもしれないが、米国では有名なタレントで科学コミュニケーションにも積極的にかかわってきた。

写真4・8　科学コミュニケーションに力を入れるアルダさん（2018年7月、ワシントン）

アルダさんは１９９３年、米国の公共テレビＰＢＳで科学番組の司会を務めた時、こう感じたという。

「科学者は私との雑談では研究のことを面白く話すのに、テレビカメラを意識すると温かい口調がとたんに固くなり、専門用語が増え、講義のようになってしまう」

アルダさんは科学者が「講義モード」に陥ることがないよう、心の通う会話で科学者の魅力を引き出した。10年余り続いたこの番組が終わった時に「この試みを広めたい」と思ったそうだ。そして、アルダさんは、科学者に「伝え方」を教える挑戦に乗り出した。若手時代、即興を通じて観客の心をつかむために積んだ訓練を応用しようと考えた。

アルダさんが中心になって２００９年に設立したストーニーブルック大学（ニューヨーク州）の科学コミュニケーションセンターが、その拠点となった。

２０１８年８月、このセンターの講習会を取材した。ストーニーブルック大学で化学を専攻する大学院生ら約20人が参加し、約７時間、実践形式のトレーニングを行った。研究者が

内容	狙い
相手の動きに合わせて体を動かし、鏡に映った像のように再現する	お互いが相手に意識を集中する大切さを体感
白い紙に自分の人生で印象深い写真が映っていると想定し、その場面を説明する	物語のように話すと、情報が伝わりやすいことを実感
相手の趣味と自分の研究との共通点を探しながら研究を紹介する	相手の共感を得ながら話す練習
研究内容を説明した相手が自分の研究を紹介するのを聞く	どのように伝わっているかを確認
小学生や高齢者など、その場で指示された聞き手に応じて研究を紹介する	即興で話し方を変える練習

図4・3　科学者の伝える力を鍛える講習会の主な内容と狙い

「講義モード」に陥らないようにする講習会なので、当然、よくある講義スタイルではなかった（図4・3）。

午前中の講習では、会場に集まった研究者が2人1組に分かれ、相手の体の動きをまねていた（写真4・9、224ページ）。1人が手を挙げると、もう1人が鏡に映った像のようにほぼ同時に手を挙げる。お互いの動きに意識を集中し、ゆっくり体を動かしていた。ミラーエクササイズと呼ばれる訓練だ。体を先に動かす人は相手がまねやすいようにゆっくり動き、動きをまねるほうの人は相手の次の動きに集中する。互いに相手の動きに心を配らないと、ミラーに映った像のようには動けない。

「コミュニケーションは情報の送り手と受け手の関係で成り立つ。一方的に情報を送るのはコミュニケーションではない。ミラーエクササイズでは、双方向のコミュニケーションを体感してもらう」

（右）写真４・９　２人１組になり、相手の動きに合わせて体を動かすミラーエクササイズ。お互いの動きに意識を集中する必要がある（2018年８月、ニューヨーク州）

（左）写真４・10　「相手がいてこそ、コミュニケーションは成り立つ」と話すリンデンフェルドさん

センターのローラ・リンデンフェルド所長(53)（写真４・10）はそう狙いを話した。

ミラーエクササイズで体を先に動かす人は、相手がついてこられるように動かさないといけない。何かを話す時も同じで、聞き手が話の内容についてこられるように話さなければならない。聞き手がついてこられるように話すのは、話し手の責任なのだ。そうしたことも学ぶ。

白紙に自分の人生で印象深い写真が映っていると想定し、それを説明するトレーニングもあった。物語のように話すと相手に強い印象を与えられることを学んでいた。

一人の女性研究者は、「これは私の研究室の机に飾ってある、（ニューヨークの）ハドソン川にかかる橋の写真です」と話しはじめた。心臓の病気で緊急手術を受けた父親を見舞った後に西海岸カリフォルニア州に出張し、約5時間半かけて飛行機の深夜便でニューヨークに戻り、その足で重要な学会に参加した後に写した写真なのだという。「きれいな写真ではないけど、私の人生でとても辛かった時期で、その時のことを忘れないよう机の上に置いているのです」と話した。

午後になって、ようやく科学の話を本格的に始めた。そこでは、即興の重要性が強調されていた。

写真4・11　小学生や州議会議員など、その場で指示された聞き手に応じて自分の研究を即興で紹介するトレーニングの一コマ

受講生は自分の研究成果を説明する時に、その場で指示された聞き手に合わせて臨機応変に対応するよう求められた。聞き手は小学生だったり、州議会議員だったり、高齢者だったり、様々だ。相手が小学生なら身ぶりを増やして易しい言葉で話し、州議会議員なら研究の社会的意義を強調するなど、話し方や内容を即興で変えなければならない（写真4・11）。

「どんな時にでも使える完璧なメッセージはない。状況ごとに変える必要があることに気付いてもらう」。リンデンフェルド所長はそう強調した。

「できるだけ多くのデータ」ではダメ

参加した大学院生のエリック・ロスさん（29）に講習会の感想を聞くと、こんな返事が戻ってきた。

「これまで科学を伝えるにはできるだけ多くのデータを示すべきだと思っていたが、聞き手の関心を引き寄せることができなければデータは意味を持たないということを学んだ。話している相手がどんな人かを理解して、その人の様子を見ながら、その人に合わせた話し方や内容をその場その場で考えることが大事だと知った」

私が「研究者が相手ならばデータこそが重要でしょうけど」と問いかけると、ロスさんは「わかってないいね」と言わんばかりの顔をした。

「完璧な世界に生きる完璧な研究者であれば、そうかもしれない」とロスさんは言った。「しかし、現実は違う。研究者が相手であっても、その人の関心を惹き付けるように話さないと、すぐに忘れられる」

データを取ることだけでなく、データを伝えることにも気を配る研究者が育っていることを実感し、うれしくなった。

講習会のプログラムは「アルダ・メソッド」として整えられている。訓練を積んだ約30人の講師が、年間１２０回の講習会を行っている。対象はストーニーブルック大学だけでなく、ほかの大学や米航空宇宙局（ＮＡＳＡ）などにも広がっているという。

リンデンフェルド所長は「多くの研究者が、自分たちの成果を社会に伝えることの重要性に気付きはじめている」と話した。

「炎って何？」「酸化現象です」――それで何が伝わるのか

アルダさんのユニークな試みをもう一つ紹介したい。

子どもたちが持つ素朴な科学の疑問について本職の科学者がわかりやすく説明し、それを子どもたちが審査して最も優れた説明を選ぶコンテストだ。最初から最後まで「子ども目線」なのが特徴だ。このコンテストのきっかけは、アルダさんの少年時代の経験にある。

「11歳の時、先生に『炎（フレーム）って何？』と質問した。先生の答えは『酸化現象』。まったく理解できなかった」とアルダさんは振り返る。

たしかに「酸化現象」で間違いはないが、その答えで伝わるのは、炎についての理解ではなく、「その先生が子どもの目線で物事を考えていない」ということではないだろうか。「伝える」ということは、答案用紙に答えを書くのとは違う。「正しければ良い」というわけではない。

アルダさんが11歳の時に感じた疑問の答えを探そうと始めたのが、このコンテストだ。その名も「フレーム・チャレンジ」。1回目のテーマはもちろん「炎（フレーム）って何？」だった。2回目は「時間って何？」、3回目は「色って何？」だった。

写真4・12　子どもの素朴な質問に科学者が答えるフレーム・チャレンジの3回目の授賞式（2014年6月、ニューヨーク）

2014年6月、3回目の優勝作が発表されたニューヨーク市内の会場を取材した（写真4・12）。コンテストは「活字」と「映像」の2部門で、一線の研究者をはじめ科学や医療にかかわる約400人が応募したという。それらの作品を、主に11歳の子どもたちが「内容は面白かったか」「わかりやすかったか」「もっと知りたくなったか」といった観点から評価し、優勝作を選んだ。

活字部門で優勝したのは、臨床医療のガイドライン作りにかかわるメラニー・ゴロブさん(32)。「犬は、人のように多くの色を見ることができないって、知っていた?」と書きはじめ、子どもの関心を引き寄せた。

その上で、目の細胞で色を見分けるセンサー分子は、人には3種類（赤、青、緑）あるが、犬は2種類だと説明した。犬の目に映る世界はちょっと彩りに欠けるようだ。

光の波長の違いが色を生み出していることを説明する時には「光を、海の波のように考えてみて」と、たとえを使った。海に短い間隔で来る波やゆったりとした波があるように、光にも違う波長があり、それが色の違いに結び付いていると解説した。

子どもにわかるように説明する体験は、科学者のコミュニケーション能力を高める格好の機会だ。しかし、効用はそれだけではない。アルダさんは「子どもにとっても、責任を持って審査し、異なる考え方や見方を学ぶ経験になる」と話した。中には、「僕は7歳じゃなくて11歳なんだから、ちゃんと説明して！」という子どももいるという。

「聞く」ということの本当の意味

ユニークな試みを広げるアルダさんはコミュニケーションをどうとらえているのか。２０

18年7月にワシントン市内であった講演会でその一端を知ることができた。

アルダさんは「過激な考え方ですけどね」と前置きして、こんな考え方を披露した。

「人の話を聞く時には、自分の考え方をすすんで変えるような姿勢で聞かなければならない。そうでなければ、本当の意味で『聞く』ということにならない」

自分の主張ばかりを繰り返し、相手の言うことを受け入れようとしない姿勢では、「聞く」とはいえないのだろう。講演会の司会者は「たしかに、過激ですね。特に今の時代では」と応じた。

アルダさんは「必ずしも考え方に同意しなくてもいいのです」と言い、「地球が平ら」と考える「フラット・アーサーズ」との会話を例に挙げた。「地球が平らという考えに同意できなくても、その人がどうしてそのような結論に至ったのか、その考え方の背景には何があるのかを聞くことで、私は何かを得て変わることができる」

会場から、「政治的な二極化が進むなか、お互いの理解を助けるコミュニケーションはどうあるべきなのか」と質問されると、アルダさんはちょっと考え込むように一呼吸置いてから話しはじめた。「私は答えを知りません。ただ、自分の経験から言えることは、相手を愚かだとさげすんだり、無知だと責めたりするようなやり方はよくないということです」。そして、最後に付け加えた。

「お互いに敬意を持たなければ、私たちはいったい、どこに行けるというのですか」

お互いに敬意を持つことから始めて、少しでもお互いの理解が広がれば、と願いたい。科学が苦手な私たちが科学と付き合う時にも、そこにかかわる人たちへの敬意がまず一歩になるのだろう。

反対している人たちは何を心配しているのか。

自分はただ事実を押し付けるだけになっていないか。

お互いの心を結び付ける何かを見つけ出せないか。

科学を巡るコミュニケーションでも、気持ちを大事にすることで誤解を解きほぐす道が開けるのかもしれない。簡単ではないが、そこに希望を託し、本書の締めくくりとしたい。

あとがき

当初は多くの人が泡沫候補とすら見なしていたドナルド・トランプ氏の大統領当選、その後のトランプ政権の前半2年間を、米国の首都ワシントンで特派員として見ることができたのは幸運なことでした。

「米国第一」を掲げ、国際協調に背を向けたトランプ大統領の誕生は、後世の歴史に米国の転換点として記録されることでしょう。トランプ氏が引き起こした混乱は、政治や経済にとどまるものではありませんでした。科学記者の私にとっても、トランプ氏の存在は極めて興味深いものでした。

事実軽視の姿勢が科学者を不安に落とし入れ、デモ行進に駆り出しました。米国を、地球温暖化対策の国際的な枠組み「パリ協定」に背を向ける世界で唯一の国にしました。

ただ、トランプ氏の実際の政策や言動よりも私の心を惹き付けたのは、トランプ氏を生み出した米国社会の底流を探ることでした。その取材で、人は必ずしも理性的ではないと感じるようになりました。人はじつは科学が苦手なようです。米国の二極化する政治的な状況や、根強い宗教的な考えが、そうした人の性を際立たせていました。

「人は、それほど科学的に物事を判断しているわけではない」

科学技術がすみずみまで浸透している21世紀の現代社会から見えてきた、あるいは、そんな現代社会だからこそ見えてきた「人は科学が苦手」という視点——。その視点から物事をとらえ直すことで、社会に広がる科学を巡る溝を埋めるきっかけのようなものが得られるのではないか、と感じました。知識や事実ばかりを重視するのではなく、お互いの心に気を配るコミュニケーションの可能性に期待したいと思いました。

大きくいえば、科学技術にますます頼るようになっている現代社会で、科学とうまく付き合っていけるかどうかは、今後の文明社会の行方を左右する可能性があります。生命科学や人工知能（AI）は、人類のあり方を大きく変える力を秘めています。

深刻さの度合いを増す地球温暖化問題への対応にしても、科学との付き合い方がカギを握ります。科学的な成果に基づく社会の合意がなければ、しっかりとした対策を進めていくことは難しいでしょう。相手の言うことを聞かず、自分の主張を繰り返しているばかりでは、前に進めません。地球温暖化の科学を伝えようとする研究者にこそ、そうした視点が求められます。

日本社会に目を向けても、そこには、放射線の健康影響やワクチンの安全性などの問題で科学にかかわる対立があります。ときには感情的な議論にもつながっています。当事者との距離感が近いと、冷静な議論がしにくいこともあります。今回の取材では、日本人特派員として米国社会と少し距離感を保ちながら、全体像を把握するよう心がけました。

米国で得られた知見をいかに日本社会に生かしていくか。それが私にとっての今後の課題です。

◆

ワシントン支局在任中、２０１６年の大統領選取材チームの一員として、選挙の動きを追うことができました。科学の取材を長くしてきた私にとって、本格的な選挙取材は駆け出しの地方支局以来、ほぼ20年ぶりのことでした。慣れない取材をなんとかこなせたのは、温かいアドバイスで支えてくれた小川聡アメリカ総局長（当時）らワシントン支局のみなさんのおかげです。

取材を進めるうちに、「科学記者が見たトランプ現象」という視点も含め、米国社会の「反科学的」な側面を紹介する本を書きたいと思うようになりました。ワシントン支局には政治部や国際部、経済部という異なる分野の専門記者が集います。そして、分野を超えてお互いに刺激し合う支局の空気のおかげで、複眼的な発想を持ちながら取材し、本書の執筆に当たれたのではないかと感じています。

新書としての体裁を整えていく過程では、光文社新書編集部の小松現さんにお世話になりました。ある意味でコミュニケーションのしかたを書く本でありながら、「自分の言いたいことだけ、だらだら書いている」という当初のつたない原稿に、長年の編集経験に裏打ちされた的確な指摘をしていただきました。そのたびに、私のまどろんだ脳は覚醒しました。そして、メリハリのある全体構成に向けたアドバイスをもらいました。プロの編集者の視点の鋭さを何度も感じました。

日々のニュース取材をしながらの本の執筆は、前著（『人類進化の700万年』講談社現代新書）に続き2回目でした。楽しくもありましたが、やはり大変でした。この1年間、多くの週末を本の執筆に充てました。週末の時間を自分の好きなように使うことを許してくれた妻と小学生の娘2人にも、感謝しています。妻には、執筆中の原稿を読んでもらいました。私の手元に戻ってくる原稿には、あちこちに「わかりにくい」「何を言いたいのかわからない」といった書き込みがあり、私は頭を抱えました。本書を読んで「わかりやすい」と感じてくれる読者がいるとすれば、その書き込みのおかげです。

多くの人に支えてもらい、本書を書き上げることができました。

ありがとうございました。

私が海外も含め人生の舞台を広げることができたのは、広い視野を持つよう育ててくれた両親のおかげです。最後に、北海道小樽市で暮らす両親への感謝を記し、終わりにしたいと思います。

三井誠

２０１９年４月

▽ローマ法王の声は届くか
Li, Nan et al.(2016). "Cross-pressuring conservative Catholics? Effects of Pope Francis' encyclical on the U.S. public opinion on climate change", *Climatic Change*, 139(3-4), pp. 367-380.

第4章

▽バネバー・ブッシュの報告書
https://www.nsf.gov/od/lpa/nsf50/vbush1945.htm
▽キャサリン・ヘイホー氏のホームページ
http://katharinehayhoe.com/wp2016/
▽ボブ・イングリス氏の活動
https://www.republicen.org/
▽天気キャスターを通じて気候変動を伝えるプロジェクト
http://www.climatechangecommunication.org/weathercasters/
▽アラン・アルダ氏の科学コミュニケーションセンター
https://www.aldacenter.org/

▽ＮＡＳＡなど米政府13省庁の気候変動に関する報告書（2018年）
https://nca2018.globalchange.gov/
▽科学者の民主党支持率は高い
http://www.people-press.org/2009/07/09/section-4-scientists-politics-and-religion/
▽割れるデモ行進の評価
http://www.pewresearch.org/science/2017/05/11/americans-divided-on-whether-recent-science-protests-will-benefit-scientists-causes/
▽ UFOに関する世論調査
https://www.ipsos.com/en-us/americans-pass-judgment-plausibility-ufos-extraterrestrial-visits-and-life-itself

第3章

▽創造論や進化論を巡るGallup社の世論調査
https://news.gallup.com/poll/210956/belief-creationist-view-humans-new-low.aspx
▽創造論を教える先生たち
Berkman, Michael & Plutzer, Eric(2011). "Defeating Creationism in the Courtroom, But Not in the Classroom", *Science*, 331(6016), pp. 404-405.
▽創造論を教えることを求めたアーカンソー州法を違憲とした判決
Overton, William(1982), "Creationism in Schools: The Decision in McLean versus the Arkansas Board of Education", *Science*, 215(4535), pp. 934-943.
▽地球温暖化懐疑論を教える先生たち
https://ncse.com/files/MixedMessagesReport.pdf
▽「疑いが我々の商品」 たばこ会社の幹部が書いたとされるメモ
https://www.industrydocumentslibrary.ucsf.edu/tobacco/docs/#id=psdw0147
▽石炭産業の見通しをまとめたコロンビア大の報告書
https://energypolicy.columbia.edu/sites/default/files/Center%20on%20Global%20Energy%20Policy%20Can%20Coal%20Make%20a%20Comeback%20April%202017.pdf

▽政治信条が計算能力にも影響
Kahan, Dan et al.(2017). "Motivated numeracy and enlightened self-government", *Behavioural Public Policy*, 1(1), pp. 54-86.
▽カリフォルニア大のジョン・トゥービー教授の進化心理学の紹介
https://www.cep.ucsb.edu/primer.html
▽人類の脳は150人に適応
Dunbar, Robin(1998). "The Social Brain Hypothesis", *Evolutionary Anthropology*, 6(5), pp. 178-190.
▽科学への抵抗は子どもの頃に起源
Bloom, Paul & Weisberg, Deena(2007). "Childhood Origins of Adult Resistance to Science", *Science*, 316(5827), pp. 996-997.
▽「地球が平ら」と主張するYou Tube
Eric Dubay: 200 Proofs Earth is Not a Spinning Ball
https://www.youtube.com/watch?v=-Ax_YpQsy88

第2章

▽保守派に広がった科学への不信
Gauchat, Gordon(2012). "Politicization of Science in the Public Sphere: A Study of Public Trust in the United States, 1974 to 2010", *American Sociological Review*, 77(2), pp. 167-187.
▽共和党議員や支持者の環境問題への姿勢
McCright, Aaron et al.(2014). "Political polarization on support for government spending on environmental protection in the USA, 1974-2012", *Social Science Research*, 48, pp. 251-260.
▽福音派の81%がトランプ氏に投票
https://www.pewresearch.org/fact-tank/2016/11/09/how-the-faithful-voted-a-preliminary-2016-analysis/
▽福音派は進化論も環境規制も嫌い
https://ncse.com/blog/2015/05/evolution-environment-religion-0016359
▽科学と信仰、どちらに頼るか
https://www.nsf.gov/statistics/2016/nsb20161/#/report/chapter-7/public-attitudes-about-s-t-in-general
▽経済が豊かでも宗教を重んじる米国
http://www.pewresearch.org/fact-tank/2015/12/23/americans-are-in-the-middle-of-the-pack-globally-when-it-comes-to-importance-of-religion/

【参考にした主な書籍】

Alda, Alan(2017). *If I Understood You, Would I Have This Look on My Face?*, Random House.
Oreskes, Naomi & Conway, Erik(2010). *Merchants of DOUBT*, Bloomsbury Press.
　邦訳『世界を騙しつづける科学者たち』（楽工社）
Otto, Shawn(2016). *THE WAR ON SCIENCE*, Milkweed Editions.
Sagan, Carl(1995). *THE DEMON-HAUNTED WORLD*, Random House.
　邦訳『悪霊にさいなまれる世界』（ハヤカワ・ノンフィクション文庫）
Shenkman, Rick(2016). *Political Animals*, Basic Books.

【主なデータなどの出典論文や参考になるウェブサイト】

まえがき
▽ IPCC の気候変動に関する報告書（2013 年）
https://www.ipcc.ch/report/ar5/wg1/
▽ＮＡＳＡなど米政府 13 省庁の気候変動に関する報告書（2017 年）
https://science2017.globalchange.gov/

第１章
▽地球温暖化を巡る Gallup 社の世論調査
(2018 年のデータ)
https://news.gallup.com/poll/231530/global-warming-concern-steady-despite-partisan-shifts.aspx
(学歴との関係)
https://news.gallup.com/poll/182159/college-educated-republicans-skeptical-global-warming.aspx
▽地球温暖化や進化に関する姿勢と知識の有無について
Kahan, Dan(2015). "Climate-Science Communication and the Measurement Problem", *Advances in Political Psychology*, 36(S1), pp. 1-43.
▽支持政党が異なる相手との結婚は親が不満
Iyengar, Shanto et al.(2012). "Affect, Not Ideology: A Social Identity Perspective on Polarization", *Public Opinion Quarterly*, 76(3), pp. 405-431.

本文図版制作　デザイン・プレイス・デマンド

三井誠（みついまこと）

1971年北海道小樽市生まれ。京都大学理学部卒業。読売新聞東京本社に入社後、金沢支局などを経て、'99年から東京本社科学部。生命科学や環境問題、科学技術政策などの取材を担当。2013～'14年、米カリフォルニア大学バークレー校ジャーナリズム大学院客員研究員（フルブライト奨学生）。'15～'18年、米ワシントン特派員として大統領選挙や科学コミュニケーション、NASAの宇宙開発などを取材した。著書に『人類進化の700万年』（講談社現代新書）がある。

ルポ 人は科学が苦手 アメリカ「科学不信」の現場から

2019年5月30日初版1刷発行

著　者 ── 三井　誠
発行者 ── 田邉浩司
装　幀 ── アラン・チャン
印刷所 ── 堀内印刷
製本所 ── ナショナル製本
発行所 ── 株式会社 光文社
東京都文京区音羽1-16-6（〒112-8011）
https://www.kobunsha.com/
電　話 ── 編集部03(5395)8289　書籍販売部03(5395)8116
業務部03(5395)8125
メール ── sinsyo@kobunsha.com

 ISBN 978-4-334-04410-7

995
セイバーメトリクスの落とし穴
マネー・ボールを超える野球論
お股ニキ（@omatacom）

データ分析だけで勝てるほど、野球は甘くない。多くのプロ選手から支持される独学の素人が、未だに言語化、数値化されていない野球界の最先端トレンドを明らかにする。

978-4-334-04401-5

996
仕事選びのアートとサイエンス
不確実な時代の天職探し
山口周

「好き」×「得意」で仕事を選んではいけない――『世界のエリートはなぜ「美意識」を鍛えるのか？』の著者が贈る、幸福になるための仕事選びの方法。『天職は寝て待て』の改訂版。

978-4-334-04403-9

997
0円で会社を買って、死ぬまで年収1000万円
個人でできる「事業買収」入門
奥村聡

127万社が後継者不在で消えていく「大廃業時代」。普通の人が会社を安く買って成長させ、自由な生き方で安定した収入を得る方法を事業承継デザイナーが伝授する。

978-4-334-04404-6

998
大量廃棄社会
アパレルとコンビニの不都合な真実
仲村和代　藤田さつき

たくさん作って、無駄に捨てられる年間10億着の新品の服や、大量の恵方巻き。「無駄」の裏には必ず「無理」が潜んでいる。その実情と解決策を徹底レポートする。**解説・国谷裕子氏**
978-4-334-04405-3

999
12階から飛び降りて一度死んだ私が伝えたいこと
モカ　高野真吾

自殺から生還した経営者、漫画家、元男性のトランスジェンダーであるモカが、壮絶な半生の後に至った「貢献」の境地とは。取材を続ける記者が伝える。本人の描き下ろし漫画も掲載。

978-4-334-04406-0

光文社新書

1000
「％」が分からない大学生
日本の数学教育の致命的欠陥
芳沢光雄
いま、「比と割合の問題」を間違える大学生が目に見えて増えている。この問題の本質とは何か。現在の数学教育に危機感を抱いてきた著者が、これからの時代に必要な「学び」を問う。
978-4-334-04407-7

1001
1964東京五輪ユニフォームの謎
消された歴史と太陽の赤
安城寿子
気鋭の服飾史家が、豊富な史料と取材に基づき、闇に葬り去られようとした赤いブレザー誕生の歴史を発掘。また、なぜ歴史は消されかけたのか、詳細に分析する。
978-4-334-04408-4

1002
辛口評論家、星野リゾートに泊まってみた
瀧澤信秋
年間250泊するホテル評論家が、「星のや」「界」「リゾナーレ」22施設を徹底取材。熱狂的ファンを持つ星野リゾートの強さの秘密に迫る。星野佳路代表の2万字インタビューも収録。
978-4-334-04409-1

1003
ルポ 人は科学が苦手
アメリカ「科学不信」の現場から
三井誠
科学大国・アメリカで科学記者が実感したのは、社会に広がる「科学への不信」だった。その背景に何があるのか。先進各国に共通する「科学と社会を巡る不協和音」という課題を描く。
978-4-334-04410-7

1004
「食べること」の進化史
培養肉・昆虫食・3Dフードプリンタ
石川伸一
人類と食の密接なつながりを科学、技術、社会、宗教などの視座から多面的に描く。サルと分かれてヒトが誕生してから「SF食」が実現する未来までの、壮大な物語。
978-4-334-04411-4

光文社新書

1005

人生100年、長すぎるけどどうせなら健康に生きたい。

病気にならない100の方法

藤田紘一郎

「後期高齢者」で「検査嫌い」の名物医師が、医者や薬に頼らずに免疫力を上げる食事と生活習慣を徹底指南。人生100年、死なないのならば生きるしかない、そんな時代の処方箋。

978-4-334-04412-1

1006

ビジネス・フレームワークの落とし穴

山田英夫

SWOT分析から戦略は出ない?!／作り手の意志満載のPPM。／NPVは、なぜ少しだけプラスになるのか?——意思決定が歪む「危うさ」を理解し、フレームワークを正しく使う。

978-4-334-04413-8

1007

「糖質過剰」症候群

あらゆる病に共通する原因

清水泰行

緑内障、アルツハイマー、関節症、がん、皮膚炎、不妊、狭心症…全身を着々と蝕む糖質の恐怖。七千を超える論文を参照しつつ、現代に増え続ける様々な疾患と、糖質過剰摂取との関係を説く。

978-4-334-04414-5

1008

クジラ博士のフィールド戦記

加藤秀弘

シロナガスクジラの回復にはミンククジラを間引け?!——長年、IWC科学委員会に携わってきた著者による鯨類研究の最前線。科学者の視点でIWC脱退問題も解説。

978-4-334-04402-2

1009

世界の危険思想

悪いやつらの頭の中

丸山ゴンザレス

最も危険な場所はどこか?——それは、人の「頭の中」である。「世界各国の恐ろしい考え方」を「クレイジージャーニー」出演中の危険地帯ジャーナリストが体当たり取材!

978-4-334-04415-2